发酵工程综合实训

主　编：王　娣　许　晖
副主编：张雪锋　柯春林
编　委：（以姓氏笔画为序）

王改玲	任茂生	李　妍
李　慧	张家泉	唐　浩
秦　晴	曹珂珂	韩　卓
谢海伟		

北京师范大学出版集团
BEIJING NORMAL UNIVERSITY PUBLISHING GROUP
安徽大学出版社

图书在版编目(CIP)数据

发酵工程综合实训/王娣,许晖主编. —合肥:安徽大学出版社,2016.6
ISBN 978-7-5664-1129-7

Ⅰ.①发… Ⅱ.①王… ②许… Ⅲ.①发酵工程—高等学校—教材 Ⅳ.①TQ92

中国版本图书馆 CIP 数据核字(2016)第 124246 号

Fajiao Gongcheng Zonghe Shixun
发 酵 工 程 综 合 实 训

王娣　许晖　主编

出版发行：北京师范大学出版集团
　　　　　安 徽 大 学 出 版 社
　　　　　(安徽省合肥市肥西路3号 邮编230039)
　　　　　www.bnupg.com.cn
　　　　　www.ahupress.com.cn
印　　刷：安徽省人民印刷有限公司
经　　销：全国新华书店
开　　本：184mm×260mm
印　　张：10.75
字　　数：258千字
版　　次：2016年6月第1版
印　　次：2016年6月第1次印刷
定　　价：28.00元
ISBN 978-7-5664-1129-7

策划编辑：李　梅　武溪溪	装帧设计：李　军
责任编辑：武溪溪	美术编辑：李　军
责任校对：程中业	责任印制：李　军

版权所有　侵权必究

反盗版、侵权举报电话：0551－65106311
外埠邮购电话：0551－65107716
本书如有印装质量问题，请与印制管理部联系调换。
印制管理部电话：0551－65106311

前　言

　　发酵工程是一个由多学科交叉、融合而形成的技术性和应用性较强的开放性学科。自20世纪20年代生产酒精、甘油等产品的厌氧发酵技术兴起以来，发酵工程得到不断的完善和发展。随着科学技术的进步，发酵技术已经进入现代发酵工程阶段，能够人为控制和改造微生物，使用基因工程、细胞工程等先进生物工程技术进行菌种改造，使这些微生物为人类生产产品。现代发酵工程作为现代生物技术的一个重要组成部分，具有广阔的应用前景。目前，发酵工业涉及医药、食品、化工、环境治理、石油开采等多种工业部门，在国民经济中的地位日趋重要。

　　本书是与发酵工程相关理论课配套的实训教材，内容涵盖发酵工程基本技术、发酵工程基本技能实训和发酵工程综合实训。本书主要介绍了发酵工程的内容、特点、要求、发酵过程和提取过程；发酵基本操作技能训练，包括菌种选育和优化技术、培养基配制、灭菌及设计训练、菌种扩大培养技术、发酵罐实操实训和发酵生化参数的检测；发酵工程综合实训，该部分涵盖了常见的发酵产品，包括厌氧发酵产品中的酸奶酿制和酒精发酵，好氧发酵的柠檬酸生产等。本书内容既有发酵全过程的训练、参数检测、过程动力学分析，也有知识的拓展。本书紧密围绕企业的生产实际，有助于提高学生对所学知识的感性认识，注重培养学生的实际动手能力，充分体现"工程化"教育教学特色，对学生了解社会、接触生产实际、加强劳动观念、培养动手能力、提高理论与实践相结合的能力等具有重要的意义。

　　本书可作为高等学校生物工程、发酵工程等相关专业的实训教材，也可作为相关企业员工的技能培训教材，亦可供从事相关产品生产的技术人员参考。

本书各单元的主要编写人员如下：第一单元由谢海伟编写；第二单元由柯春林编写；第三单元由李慧编写；第四单元由韩卓编写；第五单元由曹珂珂、李妍编写；第六单元由王改玲编写；发酵工程综合实训中酒精、谷氨酸、赖氨酸、柠檬酸等部分由发酵技术国家级工程研究中心（依托单位：安徽丰原发酵技术工程研究有限公司）张雪锋、秦晴、唐浩和张家泉编写，啤酒、果醋、酸奶等部分由王娣、许晖和任茂生编写。

本书在编写过程中力求理论和实践相结合，突出"工程化"特点，体现科学性和创新性，但由于编者水平和时间有限，书中缺点和错误之处在所难免，恳请广大读者和同行专家提出宝贵意见。

编　者

2016 年 5 月

目　录

第一单元　发酵工程基本技术 ………………………………………………………… 1

第二单元　菌种选育和优化技术 ……………………………………………………… 17
    实训一　产胞外多糖乳酸菌的分离纯化和自然选育 ……………………………… 17
    实训二　产纤维素酶木霉的分离纯化和自然选育 ………………………………… 20
    实训三　L—精氨酸产生菌的诱变育种 …………………………………………… 23
    实训四　产果胶酶黑曲霉的诱变育种 ……………………………………………… 26
    实训五　产蛋白酶菌原生质体育种 ………………………………………………… 29
    实训六　产纤维素酶木霉的原生质体诱变育种 …………………………………… 34
    实训七　高产果胶酶黑曲霉基因组改组技术 ……………………………………… 36
    实训八　产多糖啤酒酵母基因组改组技术 ………………………………………… 39

第三单元　培养基配制、灭菌及设计训练 …………………………………………… 44
    实训一　微生物培养基的配制 ……………………………………………………… 44
    实训二　高压灭菌锅的使用训练 …………………………………………………… 49
    实训三　利用正交试验设计优化培养基 …………………………………………… 52

第四单元　菌种扩大培养技术 ………………………………………………………… 59
    实训一　接种和移种训练 …………………………………………………………… 59
    实训二　啤酒酵母的扩大培养 ……………………………………………………… 64

实训三　厚层通风制曲培养技术 ……………………………………………… 69
　　实训四　小曲制作 …………………………………………………………… 72
　　实训五　液体曲的生产 ……………………………………………………… 74

第五单元　发酵罐实操实训 …………………………………………………………… 77
　　实训一　液态发酵罐操作训练 ……………………………………………… 80
　　实训二　固态发酵罐操作训练 ……………………………………………… 84

第六单元　发酵生化参数的检测 ……………………………………………………… 91
　　实训一　比浊法测定发酵液中大肠杆菌浓度 ……………………………… 91
　　实训二　菌体干重的测定 …………………………………………………… 92
　　实训三　紫外分光光度法定量测定细胞总核酸 …………………………… 93
　　实训四　发酵液糖度的测定 ………………………………………………… 95
　　　　方法一　3,5-二硝基水杨酸比色法 …………………………………… 95
　　　　方法二　菲林试剂比色法 ……………………………………………… 97
　　　　方法三　高效液相色谱法(HPLC) …………………………………… 100
　　实训五　麦芽糖化力检测 …………………………………………………… 103
　　实训六　酒精含量的测定 …………………………………………………… 106
　　　　方法一　密度瓶法 ……………………………………………………… 106
　　　　方法二　酒精计法 ……………………………………………………… 108
　　实训七　啤酒酸度的测定 …………………………………………………… 109
　　实训八　发酵液蛋白质浓度的测定 ………………………………………… 110
　　　　方法一　微量凯氏(Kjeldahl)定氮法 ………………………………… 110
　　　　方法二　双缩脲反应 …………………………………………………… 114
　　　　方法三　Folin-酚试剂法(Lowry法) ………………………………… 115
　　　　方法四　考马斯亮蓝法(Bradford法) ………………………………… 118
　　实训九　发酵液氮含量的测定 ……………………………………………… 120
　　实训十　氨基酸自动分析仪分析发酵液中的氨基酸 ……………………… 122
　　实训十一　糖化酶活力的测定 ……………………………………………… 124
　　实训十二　脂肪酶活力的测定 ……………………………………………… 126

实训十三　碱性蛋白酶活力的测定 …………………………………… 129

实训十四　原子吸收分光光度法测发酵液中的微量元素 ………… 131

第七单元　发酵工程综合实训案例 …………………………………… 135

综合实训一　小型啤酒生产线操作 …………………………………… 135

综合实训二　酒精发酵生产 …………………………………………… 143

综合实训三　食醋发酵生产 …………………………………………… 146

综合实训四　酸奶发酵生产 …………………………………………… 150

综合实训五　谷氨酸发酵生产 ………………………………………… 153

综合实训六　赖氨酸发酵生产 ………………………………………… 157

综合实训七　柠檬酸发酵生产 ………………………………………… 160

第一单元　发酵工程基本技术

一、发酵工程的基本概念

1. "发酵"一词的来源

发酵现象早已被人们所认识,但了解它的本质却是近 200 年来的事。"发酵"一词的英文单词 fermentation 是从拉丁语 fervere 派生而来的,它描述了酵母作用于果汁或麦芽浸出液时产生的现象。在生物化学中,把酵母的无氧呼吸过程称作"发酵"。现在所指的"发酵"早已被赋予了不同的含义。发酵是生命体进行的化学反应和生理变化,是多种多样的生物化学反应,根据生命体本身所具有的遗传信息去不断地分解合成,以取得能量来维持生命活动的过程。发酵产物是指在反应过程中或反应到达终点时所产生的能够调节代谢使之达到平衡的物质。实际上,发酵也是呼吸作用的一种,只不过呼吸作用最终生成二氧化碳和水,而发酵最终获得各种不同的代谢产物。因此,现在对发酵的定义是:通过微生物(或动植物细胞)的生长培养和化学变化,大量产生和积累专门的代谢产物的反应过程。

2. 发酵的定义

狭义的"发酵"是指生物化学或生理学上的发酵,是微生物在无氧条件下,分解各种有机物质产生能量的一种方式。更严格地说,发酵是以有机物作为电子受体的氧化还原产能反应。例如,葡萄糖在无氧条件下被微生物利用,产生酒精并放出二氧化碳,同时获得能量。

广义的"发酵"是指工业上所称的发酵,泛指利用生物细胞制造某些产品或净化环境的过程,包括厌氧培养的生产过程,如酒精、丙酮、丁醇、乳酸等的生产,以及通气(有氧)培养的生产过程,如抗生素、氨基酸和酶制剂等的生产。发酵产品既包括细胞代谢产物,也包括菌体细胞和酶等。

3. 发酵工程的定义

发酵工程是指采用现代工程技术手段,利用微生物等生物细胞进行酶促转化,为人类生产有用的产品,或直接把微生物应用于工业生产过程的一种技术。发酵工程的内容包括菌种选育、培养基的配置、灭菌、种子扩大培养和接种、发酵过程和产品的分离提纯(生物分离工程)等方面。

发酵工程由三部分组成:上游工程、中游工程和下游工程。其中,上游工程包括优良种株的选育、最适发酵条件(pH、温度、溶氧和营养组成)的确定以及营养物的准备等;中游工程主要指在最适发酵条件下,发酵罐中大量培养细胞和生产代谢产物的工艺技术;下游工程是指从发酵液中分离和纯化产品的技术,包括固液分离技术(离心分离、过滤分离和沉淀分离等)、细胞破壁技术(超声、高压剪切、渗透压、表面活性剂和溶壁酶等)、蛋白质纯化技术(沉淀法、色谱分离法和超滤法等)以及产品的包装处理技术(真空干燥和冷冻干燥等)。

4. 发酵的特点

发酵和其他化学工业的最大区别在于它是生物体所进行的化学反应,反应体系复杂,涉及的学科多。要想全面掌握发酵工程技术,必须掌握的知识有生物化学、微生物学、化工原理、物理化学、分析化学和应用数学(数理统计)等。其主要特点如下:

(1)一般来说,发酵过程都是在常温常压下进行的生物化学反应,反应安全,要求条件也比较简单。

(2)发酵所用的原料通常以淀粉、糖蜜或其他农副产品为主,只要加入少量的有机氮源和无机氮源就可进行反应。不同类别的微生物可以有选择地利用它所需要的营养。基于这一特性,可以利用工业废水和废物等作为发酵的原料,进行生物资源的改造和更新。

(3)发酵过程是通过生物体的自动调节方式来完成的,反应的专一性强,因而可以得到较为单一的代谢产物。

(4)由于生物体本身具有一定的反应机制,因此能够专一性和高度选择性地对某些较为复杂的化合物进行特定部位的氧化、还原等化学转化,也可以产生比较复杂的高分子化合物。

(5)发酵过程中对杂菌污染的防治至关重要。除了必须对设备进行严格消毒处理和空气过滤外,反应还必须在无菌条件下进行。如果污染了杂菌,生产上就会遭到巨大的经济损失,要是感染了噬菌体,发酵就会遭到更大的危害,因此,保持无菌条件是发酵成败的关键。

(6)微生物菌种是发酵的根本因素,通过变异和菌种筛选,可以获得高产的优良菌株,并使生产设备得到充分利用,也可以获得按常规方法难以生产的产品。

(7)工业发酵与其他工业相比,投资少,见效快,且可以取得显著的经济效益。

基于以上特点,工业发酵日益引起人们的重视。和传统发酵工艺相比,现代发酵工程除了具有上述发酵特征外,还有其他优越性。除了使用微生物外,还可以用动植物细胞和酶,也可以用人工构建的"基因工程菌"来进行反应;反应设备也不只是常规的发酵罐,而是以各种各样的生物反应器取而代之,自动化、连续化程度高,使发酵水平在原有基础上有所提高。

5. 发酵的类型

根据发酵的特点和微生物对氧的不同需要分类,可以将发酵分成若干类型。

(1)按发酵原料分类 一般可分为糖类物质发酵、石油发酵及废水发酵等。

(2)按发酵产物分类 一般可分为氨基酸发酵、有机酸发酵、抗生素发酵、酒精发酵和维生素发酵等。

(3)按发酵形式分类 一般可分为固态发酵和深层液体发酵。

(4)按发酵工艺流程分类　一般可分为分批发酵、连续发酵和流加发酵。

(5)按发酵过程中对氧的不同需要分类　一般可分为厌氧发酵和通风发酵。

6. 发酵工程的内容

(1)发酵工程的基本内容　发酵工程的基本内容包括以下方面：发酵菌种的选育；繁殖种子和发酵生产所用培养基组分的设定；各种培养基的配置；培养基、发酵罐及其附属设备的灭菌；培养出有活性、适量的纯种，并接种到生产容器中；在最适合的条件下，微生物在发酵罐中生长和发酵；产物萃取和精制；发酵过程中产生的废弃物的处理。

(2)发酵的基本过程　在建立发酵过程以前，首先要分离出产生菌，并改良菌种，使所产生的产物符合工业要求；然后测定微生物培养的需求，设计包括提取过程在内的发酵工厂。发酵生产过程中的基本条件包括：某种适宜的微生物；保证或控制微生物进行代谢的各种条件（培养基组成、温度、溶氧量、pH等）；微生物发酵需要的设备；提取菌体或代谢产物；精制产品的方法和设备等。如图1-1所示。

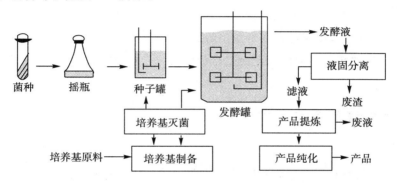

图1-1　典型的发酵过程示意图

7. 发酵工程的主要产品

工业上的发酵产品主要有4个类别。

(1)以菌体为产品　此类产品包括单细胞蛋白(SCP)、藻类、食用菌、人畜防治疾病用的疫苗、生物杀虫剂等。早在1900年，面包酵母已经有较大规模的生产。作为人类食物的酵母的生产，则是在第一次世界大战时的德国发展起来的。作为食用蛋白质来源的微生物细胞生产，直到1960年才有比较深入的研究。

(2)以微生物的酶为产品　工业上，曾用植物细胞、动物细胞和微生物来生产酶制剂。微生物的酶可以用发酵技术大量生产，这也是其最大的优点。同时，与植物细胞或动物细胞相比，改进微生物的生产能力也方便得多。酶的生产是受到微生物本身的严格控制的。为改进酶的生产能力，可以改变这些控制，如在培养基中加入诱导物，或采用菌株的诱变和筛选技术，消除反馈阻遏作用。

近年来，已获得提纯结晶的酶制剂有上百种。例如，广泛用于食品加工、纤维脱浆、葡萄糖生产的淀粉酶就是一种最常用的酶制剂。其他如可用于澄清果汁、精炼植物纤维的果胶酶，以及在皮革加工、饲料添加剂等方面用途广泛的蛋白酶等，都是工业和医药上十分重要的酶制剂。此外,还有一些在医疗上作为诊断试剂或分析试剂用的特殊酶制剂,也在深入的研究和广泛的应用中。

(3)以微生物的代谢产物为产品　微生物的生长过程可分为以下几个阶段:菌种被接到培养基中后,并不是立即开始生长,而是需要一个适应时期,这个阶段称为"延缓期";然后细胞的生长率逐渐增加,逐步达到最大生长率,并成为一个常数,这时称为"对数生长期";接着细胞生长停滞,进入了稳定期;随后活细胞数量下降,细胞进入死亡期。除以动力学描述微生物的生长外,还可以按生长曲线中不同时期所产生的产物来划分时期。在对数生长期中,所产生的产物主要是供给细胞生长的物质,如氨基酸、核苷酸、蛋白质、核酸、脂类和碳水化合物等,这些产物称为"初级代谢产物";而进入稳定期才大量累积的产物,如抗生素等,则称为"次级代谢产物"。

(4)生物转化过程中的产品　生物细胞或其产生的酶能将一种化合物转化成另一种化学结构相似,但在经济上更有价值的化合物,这就是生物转化。生物转化反应包括脱氢、氧化、羟化、缩合、脱羧、氨化、脱氨化和同分异构作用等。生物的转化反应比用特定的化学试剂反应具有更多的优点,反应通常在常温下进行。目前,用微生物将乙醇转化成乙酸已是成熟的生产方法。生物转化还可以生产出更有价值的化合物,如利用生物转化生产甾体、手性药物、抗生素等。

二、发酵工程的基本技术

1. 灭菌技术

(1)灭菌　培养基灭菌是指杀灭培养基中的一切微生物,包括微生物的营养体和芽孢,或将其从中除去。工业规模的液体培养基灭菌中,杀灭比除去杂菌更为常用。

(2)灭菌与消毒的区别　灭菌是指用物理或化学方法杀死环境中所有微生物(包括营养细胞、细菌芽孢和孢子)的过程。消毒是指用物理或化学方法杀死病源微生物的过程。

(3)灭菌的方法。

①化学法,也称"化学药品灭菌法"。一些化学药剂能使微生物中的蛋白质、酶及核酸发生反应而具有杀菌作用。常见的化学试剂有甲醛、高锰酸钾、次氯酸钠等,一般不用于培养基灭菌,但是染菌后的培养基可以用化学试剂处理。

②物理法,包括干热灭菌法、湿热灭菌法和射线灭菌法。在培养基灭菌和设备管道灭菌时,常使用湿热灭菌法。湿热灭菌的原理是每一种微生物都有一定的最适生长温度范围,当温度超过最高限度时,微生物细胞中的原生质体和酶就会发生不可逆的凝固变性,使微生物在很短的时间内死亡。加热灭菌就是根据微生物的这一特性而进行的。杀死微生物的极限温度称为"致死温度",在致死温度以上,温度越高,致死时间越短。工厂里通常采用蒸汽(121 ℃,30~40 min)进行培养基及发酵罐的灭菌。

湿热灭菌具有以下优点:蒸汽容易获得,操作费用低,本身无毒;蒸汽有很强的穿透力,易于灭菌彻底;蒸汽有很大的潜热,操作方便,易于管理。

(4) 发酵罐的空消 发酵罐在加入培养基前应先进行清洗灭菌,即空消。通常用蒸汽先加热发酵罐的夹套或相关的管道,从空气分布管中向发酵罐内通入蒸汽,蒸汽充满整个容器后,再从排气管中缓缓排出。在蒸汽灭菌结束后,一定要立刻通入无菌空气,使容器保持正压,目的是防止形成真空而吸入带菌的空气。

(5) 补料液的灭菌 在发酵过程中,往往要向发酵罐中补入各种料液。这些料液都必须经过灭菌处理。灭菌的方法视料液的性质、体积和补料速率而定。如果补料量较大,且具有连续性时,则采用连续灭菌较为合适。也可利用过滤法对补料液进行除菌。补料液的分批灭菌方法,通常是向盛有物料的容器中直接通入蒸汽。应注意,所有的附属设备和管道都要经过蒸汽灭菌。

(6) 空气除菌技术 由于所用菌种的生长能力、生长速度、产物性质、发酵周期、基质成分及 pH 存在差异,所以不同的发酵过程对空气无菌程度的要求也不同。生物工业生产中对无菌空气的要求是:1000 次使用周期中只允许有一个菌通过,即无菌程度为 $N=10^{-3}$。

①辐射灭菌。X 射线、α 射线、β 射线、γ 射线、紫外线、超声波等从理论上讲都能破坏蛋白质结构,破坏生物活性物质,从而起到杀菌作用。但应用较广泛的还是紫外线,它在波长为 226.5~328.7 nm 时杀菌效力最强,通常用于无菌室和医院手术室灭菌。但紫外线的辐射灭菌效率较低,穿透率低,杀菌时间较长,一般要结合甲醛蒸汽等来保证无菌室达到相应的无菌水平。

②加热灭菌。虽然空气中的细菌芽孢是耐热的,但当温度足够高时,也能将其破坏。例如,悬浮在空气中的细菌芽孢在 218 ℃下 24 s 就能被杀死。但是,如果采用蒸汽或电热来加热大量空气的方法来达到灭菌的目的,则太不经济。利用空气压缩时产生的热进行灭菌,对于无菌要求不高的发酵来说是一个经济合理的方法。

采用加热灭菌法时,要根据具体情况适当增加一些辅助措施,以确保安全。由于空气的导热系数低,受热很不均匀,同时,在压缩机与发酵罐之间的管道难免有泄漏,这些因素很难排除,因此,通常在发酵罐前装一台空气过滤器。

③静电除菌。近年来,一些工厂使用静电除尘器除去空气中的水雾、油雾和尘埃,同时也能除去空气中的微生物。对 1 μm 微粒的去除率达 99%,消耗能量小,每处理 1000 m³ 的空气耗电量为 0.4~0.8 kWh。空气的压力损失小,一般仅为 (3~15)×133.3 Pa,但对空气设备维护和安全技术措施的要求则较高。静电除菌是利用静电引力来吸附带电粒子,从而达到除尘、除菌的目的。悬浮于空气中的微生物,其孢子大多带有不同的电荷。不带电荷的微粒进入高压静电场时,都会被电离成带电微粒。但对于一些直径很小的微粒,它所带的电荷很小,当产生的引力小于或等于气流对微粒的拖带力或微粒布朗扩散运动的动量时,则微粒就不能被吸附而沉降,所以静电除尘对很小的微粒的去除率较低。

④介质过滤。介质过滤是目前发酵工业上最常使用的空气除菌方法。它采用定期灭菌的干燥介质来阻截流过的空气中所含的微生物,从而获得无菌空气。常用的过滤介质有棉花、活性炭、玻璃纤维、有机合成纤维、有机和无机烧结材料等。由于被过滤的空气中微生物

的粒子很小,一般只有0.5~2.0 μm,而过滤介质材料的孔径一般都大于微粒直径几倍到几十倍,因此,过滤机理比较复杂。随着工业的发展,过滤介质逐渐由天然材料棉花过渡到玻璃纤维、超细玻璃纤维、石棉板、烧结材料(烧结金属、烧结陶瓷和烧结塑料)、微孔超滤膜等。同时,过滤器的形式也在不断发生变化,出现了一些新形式和新结构,可以把发酵工业中的染菌几率控制在极小的范围内。

2. 微生物分离与纯培养技术

(1)分离操作　在无菌条件下,把微生物由一个培养器皿转接到另一个培养容器进行培养,是微生物学研究中最常用的基本操作。由于打开器皿后可能会被环境中的其他微生物污染,因此,微生物实验的所有操作均应在无菌条件下进行。其要点是在火焰附近进行熟练的无菌操作,或在无菌箱或操作室内的无菌环境中进行操作。操作箱或操作室内的空气可使用紫外灯或化学药剂进行灭菌。有的无菌室依靠通入无菌空气来维持无菌状态。操作中用以挑取和转接微生物材料的接种环和接种针,一般采用易于迅速加热和冷却的镍铬合金等金属制成,使用时先用火焰灼烧灭菌。转移液体培养物一般采用无菌吸管或移液枪。

①稀释倒平板法。先将待分离的材料用无菌水作一系列的稀释(如 1∶10、1∶100、1∶1000、1∶10000……),然后分别取不同稀释液少许,与已熔化并冷却至50 ℃左右的琼脂培养基混合,摇匀后,倒入灭过菌的培养皿中。待琼脂凝固后,制成可能含菌的琼脂平板,保温培养一段时间即可长出菌落。如果稀释得当,在平板表面或琼脂培养基中就可出现分散的单个菌落,这个菌落可能就是由一个细菌细胞繁殖形成的。随后挑取单个菌落,或重复以上操作数次,便可得到纯培养物。

②涂布平板法。由于将含菌材料先加到还较烫的培养基中再倒平板易造成某些热敏感菌的死亡,而且采用稀释倒平板法也会使一些严格好氧菌因被固定在琼脂中间缺乏氧气而影响其生长,因此,在微生物学研究中,更常用的纯种分离方法是涂布平板法。其做法是先将已熔化的培养基倒入无菌平皿,制成无菌平板,冷却凝固后,将一定量的某一稀释度的样品悬液滴加在平板表面,再用无菌玻璃涂棒将菌液均匀地分散至整个平板表面,经培养后挑取单个菌落,或重复以上操作数次,便可得到纯培养物。

③平板划线分离法。用接种环以无菌操作方式蘸取少许待分离的材料,在无菌平板表面进行平行划线、扇形划线或其他形式的连续划线。微生物细胞数量将随着划线次数的增加而减少,并逐渐分散开来。如果划线方法适当,微生物能逐一分散,经培养后,可在平板表面得到单菌落。

④稀释摇管法。用固体培养基分离严格厌氧菌有其特殊之处。如果该微生物暴露于空气中不立即死亡,可以用常规的方法制备平板,然后放置在封闭的容器中培养,容器中的氧气可采用化学、物理或生物的方法清除。对于那些对氧气更为敏感的厌氧性微生物,纯培养的分离则可采用稀释摇管培养法进行,它是稀释倒平板法的一种变通形式。先将一系列盛无菌琼脂培养基的试管加热,使琼脂熔化后冷却并保持在50 ℃左右,将待分离的材料用这

些试管进行梯度稀释,迅速将试管摇动均匀。冷凝后,在琼脂柱表面倾倒一层灭菌液体石蜡和固体石蜡的混合物,将培养基和空气隔开。培养后,菌落形成在琼脂柱的中间。进行单菌落的挑取和移植时,需要先用一根灭菌针将液体石蜡-石蜡盖取出,再用一支毛细管插入琼脂和管壁之间,吹入无菌无氧气体,将琼脂柱吸出,放在培养皿中,用无菌刀将琼脂柱切成薄片,观察移植和菌落。

(2)微生物的保藏技术　通过分离纯化得到的微生物纯培养物,还必须采用各种保藏技术使其在一定时间内不死亡,不会被其他微生物污染,不会因发生变异而丢失重要的生物学性状,否则,就无法真正保证微生物研究和应用工作的顺利进行。微生物菌种是珍贵的自然资源,菌种或培养物保藏是一项重要的微生物学基础工作,具有重要意义。

微生物的生长一般都需要一定的水分、适宜的温度和适量的营养。菌种保藏就是根据菌种特性及保藏目的的不同,给微生物菌株以特定的条件,使其存活而得以延续。例如,利用培养基或宿主对微生物菌株进行连续移种,或改变其所处的环境条件,例如干燥、低温、缺氧、避光、缺乏营养等,使菌株的代谢水平降低,甚至完全停止,达到半休眠或完全休眠的状态,而在一定时间内得到保存,有的菌种可保藏几十年或更长时间。在需要时,再通过提供适宜的生长条件使保藏物恢复活力。

①传代培养保藏。传代培养与培养物的直接使用密切相关,是进行微生物保藏的基本方法。常用的有琼脂斜面培养、半固体琼脂柱培养及液体培养等。采用传代法保藏微生物时,应注意针对不同的菌种选择适宜的培养基,并在规定的时间内进行移种,以免菌株接种后不生长或超过时间不能接活,丧失微生物菌种。在琼脂斜面上保藏微生物的时间因菌种的不同而有较大差异,有些可保存数年,而有些仅可保存数周。一般来说,通过降低培养物的代谢或防止培养基干燥,可延长传代保藏的保存时间。例如,当菌株生长良好后,改用橡皮塞封口或在培养基表面覆盖液体石蜡,并放在低温环境保存;将一些菌的菌苔直接刮入蒸馏水或其他缓冲液中,密封并置 4 ℃保存,也可以大大提高某些菌种的保藏时间及保藏效果,这种方法有时也被称为"悬液保藏法"。

②冷冻保藏。冷冻保藏是指使微生物处于冷冻状态,使其代谢作用停止,以达到保藏的目的。大多数微生物都能通过冷冻进行保存,细胞体积大者要比体积小者对低温更敏感,而无细胞壁者则比有细胞壁者敏感。其原因是低温会使细胞内的水分形成冰晶,从而引起细胞尤其是细胞膜的损伤。进行冷冻时,适当采取速冻的方法,可使产生的冰晶尽量小,从而减少对细胞的损伤。当从低温环境中移出并开始升温时,冰晶又会长大,故快速升温也可减少对细胞的损伤。冷冻时使用的介质对细胞的损伤也有显著的影响。

③干燥保藏法。水分对各种生化反应和一切生命活动至关重要。干燥,尤其是深度干燥,是微生物保藏技术中另一种经常采用的方法。

沙土管保藏和冷冻真空干燥保藏是最常用的微生物干燥保藏技术。沙土管保藏主要适用于产孢子的微生物,如芽孢杆菌、放线菌等。一般将菌种接种至斜面,培养至长出大量的孢子后,洗下孢子制备孢子悬液,加入无菌的沙土试管中,减压干燥,最后用石蜡、胶塞等封闭管口,置冰箱中保存。此法简便易行,并可以将微生物保藏较长时间,适合一般实验室及以放线菌等为菌种的发酵工厂使用。

冷冻真空干燥保藏是将加有保护剂的细胞样品预先冷冻,使其冻结,然后在真空下通过冰的升华作用除去水分。达到干燥状态的样品可在真空或惰性气体的密闭环境中进行低温保存,从而使微生物处于干燥、缺氧及低温环境,生命活动处于休眠状态,可以达到长期保藏的目的。用冰升华的方法除去水分,手段比较温和,细胞受损伤的程度相对较小,存活率及保藏效果均较好,而且经抽真空封闭的菌种安瓿管的保存、邮寄、使用等均很方便。因此,冷冻真空干燥保藏是目前使用最普遍、最重要的微生物保藏方法,大多数专业的菌种保藏机构均将此法作为主要的微生物保存手段。

除上述方法外,微生物菌种保藏的方法还有很多,如纸片保藏、薄膜保藏、寄主保藏等。由于微生物的多样性,不同的微生物往往对不同的保藏方法有不同的适应性,所以,迄今为止,尚没有一种菌种保藏方法能适用于所有的微生物。因此,在具体选择保藏方法时,必须对菌株的特性、保藏物的使用特点及现有条件等进行综合考虑。对于一些比较重要的微生物菌株,则要尽可能采用不同的方法进行保藏,以免因某种方法的失败而导致菌种的丧失。

3. 微生物育种基本技术

微生物育种是运用遗传学原理和技术对某种具有特定生产目的的菌株进行改造,去除不良性质,增加有益新性状,以提高产品的产量和质量的一种育种方法。微生物的育种技术已从常规的突变和筛选技术发展到基因诱变、基因重组和基因工程等,育种技术的不断成熟,大大提高了微生物的育种效率。但是有时候微生物育种也不是单一地采用某一种方法,有时需要多种方法综合使用。

(1) 常规育种　常规育种是指不经过人工处理,利用微生物的自发突变,从中筛选出具有优良性状菌株的一种育种方法。一般情况下,由于 DNA 的半保留复制以及校正酶系的校正作用和光修复、切除修复、重组修复、诱导修复等作用,发生自然突变的几率特别低,一般为 $10^{-10} \sim 10^{-6}/bp$,而用于工业生产的菌株的性状往往由单一或少数基因控制,所以常规育种所需时间较长,工作量较大。通过常规育种提高菌种生产能力、筛选高产菌株的效率较低,效果不明显。因此,在生产实践中,常规育种的主要目的是用于纯化、复壮和稳定菌种。

(2) 诱变育种　1927年,Miller 发现 X 射线能诱发果蝇基因突变之后,人们发现其他一些因素也能诱导基因突变,并逐渐弄清了一些诱变因素的机理,为微生物诱变育种提供了前提条件。根据育种需要,有目的地使用诱变因素,可使菌株的基因发生突变,以改良其生产性状。凡能诱发基因突变,并且突变频率远远超过自发突变的物理因子或化学因子称为"诱变剂"。根据诱变剂的不同,可以将诱变育种的方法分为物理因子诱变育种和化学因子诱变育种。前者包括激光、X 射线、γ 射线、快中子等,后者包括烷化剂(如 EMS、EI、NMU、DES、MNNG、NTG 等)、天然碱基类似物、亚硝酸和氯化锂等。在物理诱变因素中,紫外线相对比较有效、适用和安全,其他几种射线都是电离性质的,具有穿透力,使用时有一定的危险性。

化学诱变剂的突变率通常要比电离辐射的高,并且十分经济,但这些物质大多是致癌剂,使用时必须十分谨慎。目前,多种诱变剂的诱变效果、作用时间和方法都已基本确定,人们可以有目的、有选择地使用各种诱变剂,以达到预期的育种效果。

①物理因子诱变。

a. UV诱变。所有传统的物理诱变手段中,使用最为普遍的就是紫外线辐照,它是诱发微生物突变的一种非常有用的工具。对于紫外线的诱变作用有很多解释,但研究最清楚的是它可引起DNA结构的变化,尤其是可使DNA分子形成胸腺嘧啶二聚体,即两个相邻的嘧啶共价连接。二聚体的出现会减弱氢键的作用,引起双键结构变形,就可能影响胸腺嘧啶(T)和腺嘌呤(A)的正常配对,破坏腺嘌呤的正常掺入,复制就在这一点上突然停止或错误地进行。利用紫外诱变的方法可选育出大量产量高、活性强的菌种,该方法因设备简单、诱变效率高、操作安全而被广泛应用。

b. 微波诱变。微波作为一种高能电磁波,能刺激水、蛋白质、核酸、脂肪和碳水化合物等极性分子快速震动,可以使单孢子悬液内DNA分子强烈摩擦,孢内DNA分子氢键和碱基堆积力受损,使得DNA结构发生变化,从而引发遗传变异。微波育种现在研究的很多,成功的例子也很多。该技术操作方便,设备简单,一般用家用微波炉即可,诱变的效果很好。下面以宇佐美曲霉为例,简要介绍一下微生物微波育种的一般操作方法。

取恒温箱内30 ℃下培养4 d的菌种斜面,用0.85%生理盐水洗下孢子,置于无菌并盛有玻璃珠的三角烧瓶中,在210 r/min的旋转式摇床上振荡5 h。使孢子活化和分散,然后用生理盐水将孢子悬液稀释到10^6个/mL,得孢子悬液备用。吸取制得的孢子悬液,注入底部平整的平皿中,每个平皿的悬液量为10 mL。调微波炉功率为700 W,按不同的处理时间,对孢子悬液进行辐照处理。然后分别从每个平皿中取出0.1 mL菌悬液进行适当稀释,得到不同稀释度的菌悬液。取菌悬液0.3 mL,涂布在分离培养基平板上。然后置于30 ℃恒温箱培养3 d,对活菌计数,计算致死率。以分离平板上透明圈直径和菌落直径的比值作为初筛标志,挑取比值大的菌落,在斜面上传代3次,然后进行摇瓶发酵复筛。

②化学因子诱变。常用化学诱变剂包括碱基类似物、烷化剂、移码诱变剂以及其他类诱变剂,如亚硝酸及其盐类和部分金属化合物。作为化学诱变剂的碱基类似物主要有嘧啶类似物和嘌呤类似物两大类。其中,常用嘧啶类似物有5-溴尿嘧啶(5-BU)、5-氟尿嘧啶(5-FU)、6-氮杂尿嘧啶(6-NU)等;嘌呤类似物有2-氨基嘌呤(2-AP)、6-巯基嘌呤(6-MP)、8-氮鸟嘌呤等。烷化剂类化学诱变剂种类较多,如硫芥(氮芥)类、环氧衍生物类、乙撑亚胺类、硫酸(磺酸)酯类、重氮烷类等。其中,亚硝基脲、亚硝基胍、硫酸二乙酯、甲基磺酸甲酯、甲基磺酸乙酯等较为常用。移码诱变剂是指能够引起DNA分子中组成遗传密码的碱基发生移位复制,致使遗传密码发生相应碱基位移重组的一类化学诱变物质,主要为吖啶类杂环化合物,常用的有吖啶橙和原黄素2种。

化学诱变的方法有单一诱变和复合诱变。单一诱变是指在菌株选育中用一种诱变因子致突变的育种实验方法。在化学诱变育种研究中,当仅用一种诱变剂就能达到所需选育目的时,单一诱变不失为最简便快捷的育种方法。微生物突变机制复杂,单一诱变往往难以达到预期目的。因此,诱变育种往往采用组合两种或者两种以上化学或其他诱变剂的育种方法,即复合诱变法。这种方法在一定程度上能克服诱变的盲目性,提高正向诱变效果,因此,越来越趋于被大多数育种研究所采纳。

(3)杂交育种　基因重组是遗传的基本现象之一,菌株经过基因重组获得新的遗传型,从而获得具有优良性状的菌种。基因重组是杂交育种的理论基础,由于杂交育种选用了已知性状的供体菌和受体菌作为亲本,所以不论是方向性还是自觉性,均比诱变育种前进了一大步。此外,杂交育种往往可以消除某一菌株在诱变处理后所出现的产量上升缓慢的现象,因而是一种重要的育种手段。由于杂交育种方法较复杂,故该方法没有像诱变育种那样得到普遍推广和使用。

(4)原生质体融合技术育种　原生质体融合育种是20世纪60年代发展起来的基因重组技术,通过两个遗传性状不同的亲株原生质体融合而达到杂交目的。

①原生质体的制备与再生技术。微生物细胞一般是有细胞壁的,采用该项技术的第一步就是制备原生质体。目前,去除细胞壁的方法主要有机械法、非酶法和酶法。采用前两种方法制备的原生质体效果差、活性低,仅适用于某些特定菌株,因此,前两种方法并未得到推广。在实际工作中,最有效和最常用的是酶法,该方法花费时间短、效果好。使用的酶主要为蜗牛酶或溶菌酶,具体根据所用微生物的种类而定。

影响原生质体形成的因素很多,不同的微生物有其较为适当的形成条件。在菌龄选择上,多采用对数生长期或生长中后期的细菌,也有的采用生长后期的细菌,这主要是由于对数生长期细菌的细胞壁中肽聚糖含量最低,细胞壁对酶的作用最敏感。但是对数生长早期的细菌相对较为脆弱,受酶的过度作用会影响原生质体的再生率。

②原生质体融合的促融方法。由于在自然条件下,原生质体发生融合的频率非常低,所以在实际育种过程中,要采用一定的方法进行人为的促融合。当前常用的方法主要有化学法、物理法和生物法等。这几种方法各有其自身的特点,在实际工作中,可根据操作对象选择适合的融合方法。

(5)基因工程育种　自20世纪50年代起,遗传物质的存在形式、转移方式以及结构功能等问题的深入研究,促进了分子遗传学的飞速发展。20世纪70年代,一个理论与实践密切结合、可人为控制的育种新领域——基因工程育种应运而生。它是指在基因水平上,运用人为方法将所需的某一供体生物的遗传物质提取出来,在离体条件下用适当的工具酶进行切割后,与载体连接,然后导入另一细胞,使外源遗传物质在其中进行正常复制和表达。基因工程育种的主要方法及特点如下。

①目的基因的主要获得方法有化学合成法、物理化学法(包括密度梯度离心法、单链酶法和分子杂交法)、鸟枪无性繁殖法、酶促合成法(逆转录法)等。

②通过对天然质粒载体进行人工改造,使其拷贝数增多,易连接、易筛选。目前常用的载体有质粒载体,如 pBR322、pUC 系列、pSD 系列、pGEM 系列;噬菌体载体;动物病毒载

体,如 SV40;痘苗病毒载体;可以克服细菌质粒不能在真核细胞内克隆和表达的混合型载体,如 pSV 和 pSVCT 等。随着人们对发光细菌的深入认识,发光基因(lux)被用作报告基因跟踪基因工程中外源基因的表达和去向,效果显著,对荧光假单胞杆菌的检测灵敏度比 lac 基因高出 100 倍。

③基因与载体的连接方法有黏性末端连接法、平端连接法、人工接头连接法和同聚物加尾连接法。

④DNA 导入技术主要有转化、转染、微注射、电转化、微弹技术(即高速粒子轰击法或基因枪技术)、脂质体介导法等。此外,其他一些高效新颖的导入方法,如快速冷冻法、炭化纤维介导法等,正在进行研究,有的已达到了实用水平。

⑤重组体筛选技术有直接法和间接法两大类,前者有 DNA 鉴定筛选法(包括快速细胞破碎法、煮沸法、基因定位法和序列测定法等)、选择性载体筛选法(包括 G 噬菌体包装筛选、抗药性标记筛选、色斑筛选等)和分子杂交选择法(包括原位杂交技术和印迹技术),后者有免疫学方法(包括免疫化学方法和酶免疫分析法)和翻译检测法(如网织红细胞液法、麦胚细胞液法和蛙卵细胞法)。

三、发酵工程分离纯化技术

1. 下游加工过程在发酵工程中的地位

(1)发酵工程下游加工过程　发酵产品是通过微生物发酵过程、酶反应过程或动植物细胞大量培养而获得的,从上述发酵液、反应液或培养液中分离、精制有关产品的过程称为"下游加工过程"。它由一些化学工程的单元操作组成,但由于生物物质的特性,下游加工过程有其特殊要求,而且其中某些单元的操作比一般化学工业中应用得少。

(2)下游加工过程的地位　传统发酵工业(如抗生素、乙醇、柠檬酸等)的分离和精制部分占整个工厂投资费用的 60%,重组 DNA 发酵、精制蛋白质的费用占整个生产费用的 90% 左右。

2. 发酵下游加工过程的特点

培养液(或发酵液)是复杂的多相系统,含有细胞、代谢产物和未用完的培养基等。分散在其中的固体和胶状物质具可压缩性,其密度又和液体相近,加上黏度很大,属非牛顿性液体,故从培养液中分离固体很困难。

培养液中要提取的生物物质浓度很低,但杂质含量却很高,特别是利用基因工程方法产生的蛋白质,常常伴有大量性质相近的杂蛋白质。另一个特点是,要提取的生物物质通常很不稳定,遇到高温、极端 pH、有机溶剂等会引起失活或分解。发酵或培养都是分批操作,生物变异性大,各批发酵液不尽相同,因此,要求下游加工有一定的弹性。

3. 分离过程的机理与分离操作

表 1-1　生物操作机理及其分离机理

单元操作		分离机理	分离对象举例
膜分离	微滤	压力差、筛分	菌体、细胞
	超滤	压力差、筛分	蛋白质、多糖、抗生素
	反渗透	压力差、筛分	糖、氨基酸
	透析	浓度差、筛分	蛋白质
	电渗析	电荷、筛分	氨基酸、有机酸
	渗透气化	气液相平衡、筛分	乙醇
萃取	有机溶剂萃取	液液相平衡	有机酸、抗生素
	双水相	液液相平衡	蛋白质、抗生素
	液膜萃取	液液相平衡	氨基酸、有机酸、抗生素
	反胶团萃取	液液相平衡	氨基酸、蛋白质
	超临界萃取	相平衡	香料、脂质
层析	凝胶过滤层析	浓度差、筛分	脱盐、分子分级
	反相层析	分配平衡	甾醇、维生素、肽
	离子交换层析	电荷、浓度差	蛋白质、抗生素、核酸、有机酸
	亲和层析	生物亲和作用	蛋白质、核酸
	疏水相互作用	疏水作用	蛋白质
	层析聚焦	电荷、浓度差	蛋白质
电泳	凝胶电泳	筛分、电荷	蛋白质、核酸
	等电点电泳	筛分、电荷、浓度差	蛋白质、氨基酸
	等速电泳	筛分、电荷、浓度差	蛋白质、氨基酸
	区带电泳	筛分、电荷、浓度差	蛋白质、核酸
离心	离心过滤	离心力、筛分	菌体、菌体碎片
	离心沉降	离心力	菌体、细胞
	超离心	离心力	蛋白质、核酸、糖类

4. 发酵工业下游技术的一般工艺过程

下游加工过程由各种化工单元操作组成。由于生物产品品种多样，性质各异，故用到的单元操作很多，如蒸馏、萃取、结晶、吸附、蒸发和干燥等传统单元操作，理论比较成熟；而另一些则是近年来发展起来的单元操作，如细胞破碎、膜分离过程和色谱层析等，但它们缺乏完整的理论。介于两者之间的操作单元有离子交换过程等。

（1）一般工艺过程　一般来说，下游加工过程可分为 4 个阶段，即培养液（发酵液）的预处理和固液分离、提取、精制和成品加工。

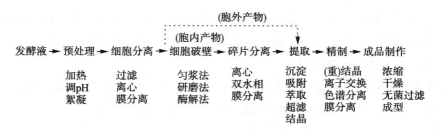

图 1-2　发酵工程分离纯化技术的工艺

(2)发酵的分离化过程。

①预处理和固液分离,目的是除去发酵液中的菌体细胞和不溶性固体杂质。

②初步分离,目的是除去与产物性质差异较大的杂质,为后道精制工序创造有利条件。

③高度纯化,目的是除去与产物的物理化学性质比较接近的杂质。

④成品制作,成品形式由产品的最终用途决定。

(3)下游加工工艺的选择原则。

①是胞内产物还是胞外产物。

②原料中产物和主要杂质浓度。

③产物和主要杂质的物理化学特性及差异。

④产品用途和质量标准。

⑤产品的市场价格。

⑥废液的处理方法。

5. 发酵工程下游主要分离技术

(1)发酵液的预处理和固液分离　发酵液预处理和固液分离的目的是分离菌体和其他悬浮颗粒(细胞碎片、核酸和蛋白质的沉淀物),除去部分可溶性杂质和改变滤液性质,以利于提取和精制的顺利进行。常采用理化方法增大悬浮液中固体粒子的大小,或降低黏度,以利于过滤。除去会影响后续提取的无机离子。

(2)发酵液的过滤　微生物发酵液中含有大量菌体、细胞(或细胞碎片)以及残余的固体培养基成分。过滤就是将悬浮在发酵液中的固体颗粒与液体进行分离的过程。在过滤操作中,要求滤速快、滤液澄清,并且有高收率。

①影响过滤速度的因素。过滤速度与菌种及发酵条件(培养基的组成、未用完培养基的数量、消泡油和发酵周期)等有关。

②改善过滤性能的方法。发酵工业中用于改善发酵液过滤性能的方法通常有等电点法、蛋白质变性、吸附、凝聚和絮凝、加入助滤剂、直接在发酵液中形成填充－凝固剂、酶解作用等。

(3)微生物细胞的破碎　微生物的代谢产物有的分泌到细胞或组织之外,如细菌产生的碱性蛋白酶,霉菌产生的糖化酶等,称为"胞外产物";还有许多代谢产物存在于细胞内,如青霉素酰化酶、碱性磷酸酯酶等,称为"胞内产物"。

①微生物细胞的破碎技术。常见的微生物细胞破碎方法有机械方法(高速珠磨机破碎法、高压匀浆器破碎法、X-press法、超声波破碎法等)和非机械方法(酶解法、渗透压冲击法、冻结和融化法、干燥法、化学法等)。

②破碎方法的选择。选择合适的破碎方法需要考虑下列因素:细胞的数量;所需要的产物对破碎条件(温度、化学试剂、酶等)的敏感性;要达到的破碎程度及破碎所需要的速度;尽可能采用最温和的方法。具有大规模应用潜力的生化产品应选择适合于放大的破碎技术。

(4)沉淀法　沉淀法是最古老的分离和纯化生物物质的方法。由于其浓缩作用常大于纯化作用,因而沉淀法通常作为初步分离的方法,用于从去除了菌体或细胞碎片的发酵液中沉淀出生物物质,然后再利用色谱等方法进一步提高其纯度。

根据所加入的沉淀剂的不同,沉淀法可以分为盐析法、等电点沉淀法、有机溶剂沉淀法、非离子型聚合物沉淀法、聚电解质沉淀法、高价金属离子沉淀法等。

(5)吸附法　在发酵工业的下游加工过程中,吸附法应用于发酵产品的除杂、脱色、有毒物质和抗生素的提纯精制。应用选择性吸附法分离精制的产品有蛋白质、核酸、酶、抗生素、氨基酸等。

吸附法是利用吸附剂与杂质、色素物质、有毒物质、产品之间分子引力的差异,从而起到分离的作用。吸附作用可分为物理吸附、化学吸附、交换吸附等。

(6)离子交换法　离子交换作用是指一种溶液中的某一种离子与一种固体中的某一种具有相同电荷的离子互相调换位置,即溶液中的离子跑到固体上去,把固体上的离子替换下来。这里的溶液称为"流动相",固体称为"固定相"。在发酵工业中,离子交换法可用于分离纯化蛋白质、氨基酸、核酸、酶、抗生素等物质。

离子交换剂通常是一种不溶性高分子化合物,它的分子中含有可解离的基团,这些基团在水溶液中能与溶液中的其他阳离子或阴离子起交换作用。交换反应都是平衡反应,但在层析柱上进行时,由于连续添加新的交换溶液,平衡不断向正方向进行,所以可以把离子交换剂上的离子全部洗脱下来,同时,溶液中的离子全部被交换并吸附在树脂上。离子交换的操作方式通常有3种,即分批法、固定床法和流动床法。

(7)膜分离过程　根据膜材质和方法的差异,可将膜分离方法分为以下种类:透析、超滤、反渗透、微滤、电渗析、液膜技术、气体渗透和渗透蒸发。

(8)萃取　萃取是指利用物质在两种互不相溶的溶剂中溶解度的不同,使所需的目的物质从一种溶剂中转移到另一种溶剂中,从而达到分离纯化的目的。溶剂萃取法是以分配定律为基础的,在萃取中,被提取的溶液称为"料液",其中要提取的物质称为"溶质"。萃取可分为双水相萃取和反相胶束(胶团)萃取。

6.微生物发酵工程下游分离纯化策略与原则

(1)生物下游加工过程的选择准则　设计一个生物产品下游加工过程,不仅要从高产率、低成本的总体目标上考虑,还应做到以下几点:

①采用步骤数应最少。生物分离过程都是由多个步骤组合完成的,在实际操作中应尽

可能采用最少的步骤。几个步骤组合的策略不仅会影响产品回收率,而且会影响投资大小和操作成本。所以,对于下游加工过程,都应科学合理地设计生物分离过程的步骤。

②采用步骤的次序要相对合理。

③产品规格(注射或非注射)。

④生产规模。

⑤物料组成。

⑥产品形式:固体适当结晶,液体适当浓缩。

⑦产品稳定性。

⑧物性,如溶解度、分子电荷、分子大小、功能团、稳定性和挥发性。

⑨危害性。

⑩废水处理。

(2)下游加工过程应遵循的原则　生物分离工程下游分离纯化技术要根据发酵液的性质、生物物质的性质、分离纯化工艺等来选择,应遵循以下原则:分离纯化的时间尽量短;工艺采用的温度低;pH适中;严格清洗消毒(包括厂房、设备及管路,注意死角)。

此外,如针对某一具体产品的分离提取工艺,还应考虑以下因素:是胞内产物还是胞外产物;原料中产物和主要杂质浓度;产物和主要杂质的物理化学特性及差异;产品用途和质量标准;产品的市场价格;不同分离方法的技术与经济比较;废液的处理方法,等等。

参考文献

[1] 韩北忠.发酵工程[M].北京:中国轻工出版社,2013.
[2] 葛绍荣等.发酵工程原理与实践[M].上海:华东理工大学出版社,2011.
[3] 何建勇.发酵工艺学[M].北京:中国医药科技出版社,2009.
[4] 诸葛健.微生物遗传育种学[M].北京:化学工业出版社,2009.
[5] 徐清华.生物工程设备[M].北京:科学出版社,2010.
[6] 邓开野.发酵工程实验[M].广州:暨南大学出版社,2010.
[7] 严希康.生物物质分离工程[M].北京:化学工业出版社,2012.
[8] 韩德权.发酵工程[M].哈尔滨:黑龙江大学出版社,2008.
[9] 许赣荣,胡鹏刚.发酵工程[M].北京:科学出版社,2013.
[10] 张庆芳,迟乃玉.发酵工程技术[M].北京:北京师范大学出版社,2012.
[11] 韩德权,王莘.微生物发酵工艺学原理[M].北京:化学工业出版社,2013.
[12] 陶兴无.发酵工艺与设备[M].北京:化学工业出版社,2011.
[13] 田洪涛.现代发酵工艺原理与技术[M].北京:化学工业出版社,2007.
[14] 陈坚,堵国成.发酵工程原理与技术[M].北京:化学工业出版社,2012.

第二单元　菌种选育和优化技术

实训一　产胞外多糖乳酸菌的分离纯化和自然选育

一、实训目的

1. 掌握从酸奶中分离纯化产胞外多糖乳酸菌的方法。
2. 掌握乳酸菌的自然选育技术。
3. 掌握胞外多糖的提取和测定技术。

二、实训原理

乳酸菌是指发酵糖类、主要产物为乳酸的一类无芽孢、革兰氏染色阳性细菌的总称。乳酸菌广泛用于各种酸乳和干酪等发酵乳制品生产中,对乳制品的风味、质构和提高产品的营养保健特性等发挥着极其重要的作用,这些功能主要与乳酸菌的胞外多糖(EPS)密切相关。目前研究的大多数产胞外多糖的乳酸菌菌株都是从乳及乳制品中分离得到的。

乳酸菌胞外多糖是乳酸菌在合成代谢过程中分泌到细胞外,常渗于培养基的一类糖类化合物。根据其所在位置,可分为荚膜多糖和黏液多糖,它们都是微生物的次级代谢产物。乳酸菌胞外多糖的分离常采用有机溶剂沉淀法,常用的溶剂有小分子醇类,如甲醇、乙醇、异丙醇和丙酮等,这些溶剂可降低多糖的溶解性,使其从溶液中沉淀出来。

本实训以市售酸奶产胞外多糖乳酸菌的分离纯化为例,介绍发酵菌种的自然选育方法,以及其胞外多糖的提取和测定方法。

三、实训材料和设备

1. 设备与仪器

高压蒸汽灭菌锅、生化培养箱、电热恒温培养箱、超净工作台、光学显微镜、电子分析天平、水浴锅、冷冻干燥机、可见分光光度计、离心机、电热鼓风干燥箱、循环水式多用真空泵、旋转蒸发仪、接种环、涂布器、培养皿、试管、量筒、三角烧瓶、抽滤漏斗、酒精灯等。

2. 试剂与材料

市售酸奶。参考菌株：保加利亚乳杆菌和嗜热链球菌。

葡萄糖、蔗糖、山梨醇、果糖、半乳糖、甘露糖、海藻糖、乳糖、麦芽糖、30%过氧化氢溶液、溴甲酚紫指示剂、NaOH溶液、浓盐酸、亚甲蓝指示剂、革兰氏染色液、浓硫酸、苯酚、乙醇、酵母膏、琼脂、无菌水等。

3. 培养基

(1) MRS 培养基　蛋白胨 1.0 g, 牛肉膏 1.0 g, 酵母提取物 0.5 g, 葡萄糖 2.0 g, 磷酸二氢钾 0.2 g, 乙酸钠 0.2 g, 硫酸镁 0.02 g, 柠檬酸三铵 0.2 g, 硫酸锰 0.005 g, 吐温—80 1.0 mL, 去离子水 100 mL, pH 6.2～6.4, 加琼脂 1.5 g 即为固体培养基。

(2) 酸化 MRS 固体培养基　在 MRS 固体培养基的基础上调节 pH 至 5.4。

(3) M17 固体培养基　大豆蛋白胨 5.0 g, 胰蛋白胨 5.0 g, 酵母提取物 2.5 g, 牛肉浸膏 5.0 g, 乳糖 5.0 g, 抗坏血酸 0.5 g, 1 mol/L 硫酸镁 1.0 mL, 去离子水 1000 mL, 琼脂 15 g, 调节 pH 至 7.1。

(4) MRS 甘油液体培养基　向 MRS 液体培养基中加入 20%(V/V)的甘油。

加 1.5%～2.0%琼脂后即为固体培养基。

四、实训步骤

1. 培养基的制备

通过称量、溶解、调节 pH 和定容等操作，制备上述培养基，分装于三角烧瓶或试管中，在 121 ℃条件下灭菌 15～20 min 后备用。另外包扎好培养皿、移液器和涂布器等，然后将其灭菌，烘干后备用。

2. 灭菌及倒平板

将灭菌后的培养基冷却至 60 ℃左右，在超净工作台中倒入经过灭菌的培养皿中，每皿 15～20 mL，冷却凝固后待用。

3. 菌种的分离、纯化和保藏

(1) 菌种的分离和纯化　取不同类型的市售酸奶各 1 mL，接种于 9 mL 灭菌生理盐水中，进行梯度稀释，分别稀释到 10^6、10^7、10^8 数量级。分别取 1 mL 稀释液置于灭菌培养皿中，倾倒酸化 MRS 与 M17 培养基，凝固后于 37 ℃培养 24～48 h。观察并记录菌落特征，挑取单个典型菌落，反复进行划线并分离培养，直至菌落较纯。

(2) 菌种的保藏　将分离得到的菌株活化传代培养 3 次，把对数生长期的乳酸菌株接种于 MRS 液体培养基。培养 24 h 后，用移液枪取 1 mL 加入 EP 管中，在 2000 r/min 转速下离心 3 min。保留下层菌体沉淀，小心弃去上清液。用无菌水润洗菌体 2～3 次后，加入 0.5 mL 甘油 MRS 液体培养基，用移液枪反复吸取打散，使之混合均匀。用塑膜封口，置于 −20 ℃或 −80 ℃冰箱中保藏。

4. 菌种的鉴定

(1) 菌落及菌体形态观察　将初步筛选的菌株反复分离纯化，挑取单个菌落，适温培养

1~2 d,观察菌落形态。取分离纯化所得到的单个菌落培养 12 h 左右,进行革兰氏染色和镜检。观察各菌株的革兰氏染色结果和菌体在显微镜下的形态。

(2)生化特性的测定。

①乳酸杆菌属的鉴定。将乳酸杆菌的供试菌液接种于相应的培养基中,做硝酸盐还原试验、石蕊牛乳试验、V.P 试验、pH 4.5 生长试验、明胶液化试验、不同温度的生长试验(15 ℃、20 ℃、40 ℃、45 ℃)和葡萄糖产酸产气试验。具体方法参照《伯杰细菌鉴定手册》。

②乳酸球菌属的鉴定。将乳酸球菌的供试菌液接种于相应的培养基中,做硝酸盐还原试验、石蕊牛乳试验、亚甲蓝还原试验、pH 9.6 生长试验、6.5% NaCl 生长试验、不同温度生长试验(10 ℃、45 ℃)和葡萄糖产酸产气试验。具体方法参照《伯杰细菌鉴定手册》。

5.胞外多糖的提取和含量测定

(1)胞外多糖提取工艺 取 MRS 液体培养基 10 L,4000 r/min 离心 10 min,收集上清液,菌体沉淀用 PBS 洗涤 3 次,合并上清液。将上清液旋转蒸发浓缩至原体积的 1/5,加入 3 倍体积的无水乙醇,4 ℃静置过夜。4000 r/min 离心 10min 后收集沉淀,重溶于去离子水中,加入 1/5 体积的 Sevage 试剂(三氯甲烷:正丁醇 = 4:1,V/V),剧烈震摇 20 min,4000 r/min 离心 10 min。取上层多糖溶液重复上述操作 4~5 次。将去除蛋白质后的胞外多糖溶液透析、浓缩、冻干,即为胞外多糖粗品。

(2)胞外多糖含量测定。

①标准曲线制作。准确称取标准葡萄糖(预先在 105 ℃干燥至恒重)400 mg,溶解后定容至 100 mL,吸取 1 mL 定容至 100 mL,即最后 100 mL 容量瓶中葡萄糖溶液浓度为 40 μg/mL,分别吸取 0.2 mL、0.4 mL、0.6 mL、0.8 mL、1.0 mL、1.2 mL、1.4 mL、1.6 mL、1.8 mL 上述溶液,分别用水补充至 2.0 mL,加入 6%苯酚 1.0 mL 及浓硫酸 5.0 mL,静止 10 min,摇匀。室温放置 20 min 后,用分光光度计在 490 nm 波长处测光密度,以 2.0 mL 水作为空白,按同样显色操作。以横坐标为多糖浓度,纵坐标为光密度值,绘图得标准曲线。

②样品含量测定。吸取样品液 1.0 mL,按上述步骤操作,测光密度,根据标准曲线计算样品液中的多糖含量。

五、实训结果与报告

1.乳酸菌菌落及菌体形态特征描述、生化特性测定与结果分析。
2.多糖标准曲线的绘制、乳酸菌发酵液中多糖含量的测定与结果分析。

六、实训作业

1.菌种的选育方法有哪些?什么是自然菌种的自然选育?
2.什么是胞外多糖?结合实例谈谈哪些乳酸菌可以发酵生产胞外多糖。
3.除了上述的苯酚—硫酸法外,还有哪些方法可以测定多糖含量?

实训二　产纤维素酶木霉的分离纯化和自然选育

一、实训目的

1. 掌握从土壤中分离纯化产纤维素酶木霉的方法。
2. 掌握霉菌的自然选育技术。
3. 掌握发酵液中纤维素酶制备及其活性测定的方法。

二、实训原理

绿色木霉在自然界中分布广泛,常腐生于木材、种子及植物残体上,能产生多种具有生物活性的酶系,如纤维素酶、几丁质酶、木聚糖酶等。绿色木霉所产生的纤维素酶的降解作用目前日益受到重视。

纤维素是世界上最丰富的再生资源,约占生物总量的50%,将纤维素资源转变为所需的食品、生物质能、化工原料、饲料等,具有重要意义。但由于其组成结构的复杂性,故转化利用纤维素一直是个重大问题。纤维素降解的常规方法是采用酸、碱等化学手段处理。纤维素酶生物转化法因具有对设备要求低、无环境污染等特点而备受重视,在工农业生产中应用广泛。

本实训以土壤中产纤维素酶木霉的分离纯化为例,介绍发酵菌种的自然选育方法以及纤维素酶的制备和测定方法。

三、实训材料和设备

1. 设备与仪器

高压蒸汽灭菌锅、生化培养箱、电热恒温培养箱、超净工作台、光学显微镜、电子分析天平、水浴锅、可见分光光度计、离心机、电热鼓风干燥箱、循环水式多用真空泵等。

2. 试剂与材料

菌种:绿色木霉。

纤维素酶、葡萄糖、马铃薯、麸皮、羧甲基纤维素钠、蛋白胨、3,5-二硝基水杨酸(DNS)、$MgSO_4 \cdot 7H_2O$、$FeSO_4 \cdot 7H_2O$、$(NH_4)_2SO_4$、KH_2PO_4、$CaCl_2$、KCl、$NaOH$、$NaNO_3$、K_2HPO_4、浓盐酸、琼脂、无菌水等。

3. 培养基

(1)斜面培养基(PDA)　马铃薯浸汁200 g,葡萄糖20 g,琼脂20 g,用蒸馏水定容至1000 mL,调节pH至7.0。

(2)种子液体培养基 麸皮 5 g,稻草粉 10 g,$(NH_4)_2SO_4$ 2.0 g,KH_2PO_4 1.0 g,$CaCl_2$ 1.0 g,加水至 1000 mL,调节 pH 至 7.0。

(3)固体发酵培养基 麸皮 0.5 g,稻草粉 1.5 g,蛋白胨 0.06 g,加水 10 mL,拌匀培养。

(4)选择培养基 羧甲基纤维素钠 30 g,$NaNO_3$ 2 g,K_2HPO_4 1 g,$MgSO_4 \cdot 7H_2O$ 0.5 g,KCl 0.5 g,$FeSO_4 \cdot 7H_2O$ 0.1 g,用蒸馏水定容至 1000 mL,调节 pH 至 7.0。

(5)甘油液体培养基 向液体培养基中加入 20%(V/V) 的甘油。

加 1.5%~2.0% 无菌琼脂后即为固体培养基。

四、实训步骤

1. 培养基的制备

通过称量、溶解、调节 pH 和定容等操作,配置上述培养基,分装于三角烧瓶或试管中,于 121 ℃ 灭菌 15~20 min 后备用。对培养皿、移液器和涂布器等进行灭菌,烘干后备用。

2. 灭菌及倒平板

同本单元实训一。

3. 菌种的分离、纯化和保藏

(1)菌种的分离和纯化 采集到的土壤样本经无菌水洗涤后,吸取上清液进行梯度稀释,选取适当浓度涂布在选择培养基上,观察并记录菌落特征。挑取单个典型菌落,反复进行划线分离培养,直至菌落较纯。上述操作即为初筛菌种,可用于菌种纯化和保藏。用刚果红染色法在选择培养基中复筛,挑选出有较强纤维素水解能力的菌株,在液体培养基中发酵。测其纤维素酶的活性,选择其中酶活性最高的菌株保藏备用。

(2)菌种的保藏 将分离得到的菌株活化传代培养 3 次,把对数生长期的木霉接种于液体培养基,30 ℃ 培养 5 d 后,用移液枪取 1 mL 加入 EP 管中,1500 r/min 离心 3 min。保留下层菌体沉淀,小心弃上清液。用无菌水润洗菌体 2~3 次后,加入 0.5 mL 甘油液体培养基,用移液枪反复吸取打散,使之混合均匀。用塑膜封口,置于 -20 ℃ 或 -80 ℃ 冰箱中保藏。

4. 菌种的鉴定

菌落在 PDA 培养基表面迅速蔓延,形成白色菌丝薄层;菌丝体上具有不规则分生孢子梗,产生大量孢子,粘连成团块,在分生孢子梗上聚成小球状;孢子成熟后颜色迅速变深,使整个菌落呈绿色茸状,菌丝体在培养基浅层伸展,与培养基结合较为牢固,并分泌黄绿色素,即可鉴定为绿色木霉。

5. 纤维素酶的制备、含量及酶活测定

(1)纤维素酶发酵液的制备 将绿色木霉接种在固体斜面上,30 ℃ 培养 5~7 d,产生孢子后,用 1 mL 无菌水将孢子洗下,得到菌悬液。用 250 mL 三角烧瓶装 40 mL 液体培养基,接入 1 mL 菌悬液,在 30 ℃ 和 150 r/min 条件下摇床培养 4 d。然后取上述培养液 2 mL,接入 40 mL 液体培养基中,在 30 ℃ 和 150 r/min 条件下摇床培养 7 d,2000 r/min 离心

10 min,弃去沉淀物(菌体及培养基残渣),上清液即为粗酶液。用醋酸缓冲液进行适当稀释,测定羧甲基纤维素钠酶活和滤纸酶活。

(2)纤维素酶含量及酶活测定 以羧甲基纤维素钠酶活(CMCA)和滤纸酶活(FPA)为测定指标,2种酶活力测定均采用3,5-二硝基水杨酸显色法。

①CMCA测定。在测定条件下,以1 mL酶液30 min酶解羧甲基纤维素钠产生1 mg葡萄糖为一个酶活力单位,用mg/(mL·0.5 h)表示。

羧甲基纤维素钠酶活(CMCA)测定方法:吸取0.5 mL粗酶液稀释液于试管中,加入1.5 mL 1% CMC-柠檬酸缓冲液(0.1 mol/L,pH 4.8),在40 ℃水浴条件下反应30 min。反应完成后立即加入2.5 mL DNS并煮沸灭活。测定其还原糖含量,处理数据并计算粗酶液的酶活。

②FPA测定。在测定条件下,以1 mL酶液1 h酶解滤纸产生1 mg葡萄糖为一个酶活力单位,用mg/(mL·h)表示。

滤纸酶活(FPA)测定方法:吸取0.5 mL粗酶液稀释液于试管中,加入1.5 mL柠檬酸缓冲液(0.1 mol/L,pH 4.8),混匀后将1条1 cm×6 cm的滤纸条卷成小卷放入其中,在40 ℃水浴条件下反应60 min。反应完成后立即加入2.5 mL DNS并煮沸灭活。测定其还原糖含量,处理数据并计算粗酶液的酶活。

五、实训结果与报告

1. 土壤样本中分离纯化到的木霉形态特征描述和鉴定结果。
2. 木霉发酵液中纤维素粗酶的含量及其酶活测定结果与分析。

六、实训作业

1. 为什么要从土壤中分离纯化木霉?结合本地实际情况,说说获得木霉的其他具体途径和方法。
2. 纤维素酶有什么用途?除了木霉以外,还有哪些微生物可以产纤维素酶?
3. 本实训中,如何进一步分离纯化得到高纯度的纤维素酶?

实训三 L－精氨酸产生菌的诱变育种

一、实训目的

1. 掌握棒状杆菌的紫外线诱变育种技术和亚硝基胍(NTG)诱变育种技术。
2. 掌握发酵液中精氨酸含量的测定方法。

二、实训原理

L－精氨酸是一种重要的半必需氨基酸，是合成蛋白质和肌酸的重要原料。它有许多特殊的生理生化功能，在医药和食品工业中有着广泛的应用。L－精氨酸生产方法有水解法和发酵法。水解法存在操作费时、收率和产量低、成本高等问题，同时，因存在严重的污染而不适用于大规模的生产。目前，国外主要采用发酵法生产L－精氨酸，国内发酵法生产L－精氨酸的研究仅限于实验室水平，与国际技术差距较大，因此，选育L－精氨酸高产菌株并优化其发酵工艺有着重要的意义。基于精氨酸合成代谢途径，利用物理、化学等诱变剂诱变处理并筛选营养缺陷型或结构类似物抗性突变株，从而选育出有利于L－精氨酸合成的突变株。

本实训以北京棒状杆菌和钝齿棒状杆菌的紫外线诱变育种和亚硝基胍(NTG)诱变育种为例，介绍发酵菌种的人工诱变选育以及精氨酸含量的测定方法。

三、实训材料和设备

1. 设备与仪器

高压蒸汽灭菌锅、生化培养箱、电热恒温培养箱、超净工作台、光学显微镜、电子分析天平、水浴锅、数显全温振荡器、pH 计、分光光度计、离心机、电热鼓风干燥箱等。

2. 试剂与材料

菌种：北京棒状杆菌和钝齿棒状杆菌。

亚硝基胍、D－精氨酸、L－精氨酸、α－萘酚、精氨酸甲酯、葡萄糖、牛肉膏、蛋白胨、酵母膏、NaCl、琼脂、玉米浆、$(NH_4)_2SO_4$、KH_2PO_4、$MgSO_4 \cdot 7H_2O$、尿素、碳酸钙、$K_2HPO_4 \cdot 3H_2O$、$FeSO_4 \cdot 7H_2O$、$MnSO_4 \cdot H_2O$、生物素、硫胺素盐酸盐、二乙胺、无水乙醇、脲、NaOH、HCl、Na_2HPO_4、NaH_2PO_4、无菌水和正丙醇等。

3. 培养基

(1) 琼脂完全培养基 葡萄糖 2.0%，牛肉膏 1.0%，蛋白胨 1.0%，酵母膏 0.5%，NaCl 0.5%，琼脂 2.0%，pH 为 7.0~7.2，115 ℃灭菌 15~20 min 后备用。

(2) 摇瓶种子培养基 葡萄糖 3.0%，玉米浆 2.0%，$(NH_4)_2SO_4$ 2.0%，KH_2PO_4 0.1%，

$MgSO_4 \cdot 7H_2O$ 0.05%,尿素 0.15%,pH 为 7.0～7.2,115 ℃灭菌 15～20 min 后备用。

（3）摇瓶发酵培养基　葡萄糖 2.0%,玉米浆 2.5%,$(NH_4)_2SO_4$ 4.5%,KH_2PO_4 0.1%,$MgSO_4 \cdot 7H_2O$ 0.05%,碳酸钙 3.0%,pH 为 7.0～7.2,115 ℃灭菌 15～20 min 后备用。

（4）琼脂基本培养基　葡萄糖 1.0%,$(NH_4)_2SO_4$ 0.3%,KH_2PO_4 0.1%,$K_2HPO_4 \cdot 3H_2O$ 0.2%,$MgSO_4 \cdot 7H_2O$ 0.05%,$FeSO_4 \cdot 7H_2O$ 0.002%,$MnSO_4 \cdot H_2O$ 0.002%,生物素 50 μg/L,硫胺素盐酸盐 200 μg/L,琼脂 2.0%,pH 为 7.0～7.2,115 ℃灭菌 15～20 min 后备用。

（5）选择性培养基　在基本培养基里补加各种不同浓度梯度的精氨酸结构类似物精氨酸甲酯。

四、实训步骤

1. 出发菌的选择

使用生长快、适合液体发酵培养、L－精氨酸产量较高的菌株,同时进行菌体生长测定。由于微生物所处的生理状态对诱变效果有很大影响,因此,在诱变之前,一般应将其进行同步培养,采用生理状态单一的细胞进行诱变处理。生长旺盛的对数期细胞对诱变剂敏感,突变率高,且重现性好,为了保证诱变处理时具有一定的细胞浓度,以增加变异细胞总数,选用对数生长中后期的细胞。本实训首先吸取 0.2 mL 培养液作为待测液,然后加入 5 mL 盐酸溶液(0.25 mol/L),同时以加 0.2 mL 蒸馏水的待测液为空白对照,测定其 620 nm 处的光密度值,以 OD_{620} 值的大小反应菌体生长情况。

2. 诱变处理

（1）紫外线诱变。

①按照上述菌体生长测定方法,绘制菌株的生长曲线,找到菌株对数中后期的生长时间,在此时间内进行诱变。

②取处于对数中后期生长时间段的棒状杆菌种子液 5～10 mL,5000 r/min 离心 5 min,弃去上清液,用无菌生理盐水洗涤,菌种用无菌玻璃珠打散,获得细胞悬液,使其菌体浓度在 10^8/mL 左右。

③取 1 mL 菌悬液进行梯度稀释,取稀释度为 10^{-7}、10^{-6} 菌悬液各 0.2 mL,分别涂布在基本培养基平板上,在 20 W 紫外灯下 50 cm 处照射,采取 30 s、60 s、90 s、120 s、150 s 5 个时间梯度进行紫外线诱变处理,每个时间处理 3 个平板,对照不进行紫外照射。置于 30 ℃培养箱中培养,观察菌落生长情况,取平均菌落数计算致死率,绘制致死曲线,确定最佳诱变时间。

④以最佳诱变时间进行诱变处理,步骤同上,诱变处理后取 1 mL 进行梯度稀释,稀释到 10^{-5},取稀释度为 10^{-5}、10^{-4} 菌悬液各 0.2 mL,分别涂布在含 4 mg/mL 精氨酸甲酯的基本培养基平板上。在 30 ℃条件下培养,然后挑选长出的较大菌落作为变异菌株。

⑤筛选出的菌落再经斜面培养、种子液培养和发酵摇瓶培养,最后用坂口改良法测定发

酵液中的 L－精氨酸含量。

(2)亚硝基胍(NTG)诱变育种。

①按照上述菌体生长测定方法,绘制菌株的生长曲线,找到菌株对数中后期的生长时间,在此时间内进行诱变。

②取处于对数生长中后期的棒状杆菌种子液,5000 r/min 离心 5 min,弃去上清液,用灭菌的生理盐水洗涤,再用 0.1 mol/L 磷酸缓冲液(pH 6.0)洗涤 2 次,加入 pH 6.0 的 0.1 mol/L 磷酸缓冲液,最终使其菌体浓度为 10^8/mL 左右。

③分别加入浓度为 0.2 mg/mL、0.3 mg/mL、0.4 mg/mL、0.5 mg/mL 的 NTG,对照组不加 NTG 诱变剂。30 ℃诱变 15 min,用 0.1 mol/L 磷酸缓冲液洗涤 3 次,除去 NTG 后终止诱变。

④诱变处理后,取 1 mL 菌悬液梯度稀释至 10^{-7},取稀释度为 10^{-7}、10^{-6} 菌悬液各 0.2 mL,分别涂布在含 4 mg/mL NTG 的基本培养基平板上,在 30 ℃条件下培养。然后进行菌落统计,取平均菌落数,计算致死率,绘制致死曲线,确定最佳诱变浓度。

⑤以最佳诱变浓度进行诱变处理,步骤同上。诱变处理后,取 1 mL 菌悬液梯度稀释至 10^{-5},取稀释度为 10^{-5}、10^{-4} 菌悬液各 0.2 mL,分别涂布在带有精氨酸甲酯的筛选平板上,然后挑选长出的较大菌落作为变异菌株。

⑥筛选出的菌落再经斜面培养、种子液培养和发酵摇瓶培养,最后用坂口改良法测定发酵液中的 L－精氨酸含量。

3. 诱变菌种的筛选

(1)初筛　在 30 ℃条件下培养菌株并及时观察,挑选长出的较大菌落,先在完全培养基平板上传接两代,再于 4 ℃保藏平板。

(2)复筛　将在完全培养基平板上培养后的突变株进一步发酵培养,测定发酵液中的酸度,每一批测酸均有空白发酵液和出发菌株发酵液作为对照。挑选测酸时颜色深或吸光度值较大的菌株,随下一批测酸再次测酸,将菌株按诱变批次编号,划斜面保存。为了排除每批之间的误差、测定误差及确定真正的产量提高菌株,对得到的产酸量相对提高的菌株传接五代后,以第三代和第五代发酵液测酸,进一步筛选。确定真正的产量提高并稳定的菌株后,进行划斜面保存,作为下一级诱变出发菌株。

4. 诱变菌种遗传稳定性测定

将筛选得到的菌株连续接种五代,对每一代菌株都要进行种子培养,然后测定发酵培养液中的产酸量,筛选出产量高并且传代稳定的菌株。

5. 精氨酸含量的测定

(1)标准曲线制作。

①标准显色剂的配制。精确称取甲萘酚 4.0 g,双乙酰 20 mg,用正丙醇溶解后,定容至 100 mL,置于 4 ℃冰箱保存备用。

②精氨酸标准曲线的制作。首先精确称取 L－精氨酸标准品 1 g,加少量蒸馏水溶解后

定容至 1000 mL,得到浓度为 1 mg/mL 的标准液。然后分别吸取 10 mL、20 mL、30 mL、40 mL、50 mL、60 mL、70 mL、80 mL、90 mL、100 mL 标准液,加蒸馏水定容至 100 mL,所得溶液即是浓度为 0.1~1.0 mg/mL 的 L－精氨酸标准溶液。各取上述溶液 3 mL 放入试管中,并取 3 mL 蒸馏水置入试管中作空白对照。依次加入 14% NaOH 溶液 1 mL、正丙醇 1 mL、显色液 1.5 mL,用振荡器混匀,在 40 ℃水浴中处理 10 min 后,用自来水冷却 5 min,测定 OD_{530} 值,绘制标准曲线。

(2)发酵液中 L－精氨酸含量的测定　采用坂口改良法测定,将发酵液于 5000 r/min 离心 5 min 后,取发酵上清液进行适当稀释,取 3 mL 放入试管中。依次加入 14% NaOH 溶液 1 mL、正丙醇 1 mL、显色液 1.5 mL,用振荡器混匀,在 40 ℃水浴中处理 10 min 后,用自来水冷却 5 min,测定 OD_{530} 值,计算出 L－精氨酸的含量。

五、实训结果与报告

1.亚硝基胍(NTG)诱变育种和诱变菌种筛选结果。
2.紫外线诱变育种和诱变菌种筛选结果。
3.诱变菌种发酵液中精氨酸含量测定结果与分析。

六、实训作业

1.什么是亚硝基胍(NTG)诱变育种？什么是紫外线诱变育种？本实训中的这两种育种方法有何差异？
2.本实训中,如果采用 HPLC 法测定 L－精氨酸含量,该如何操作？
3.L－精氨酸有哪些用途？本实训中,如何提高 L－精氨酸的纯度？

实训四　产果胶酶黑曲霉的诱变育种

一、实训目的

1.掌握黑曲霉紫外线诱变育种技术和甲基磺酸乙酯(EMS)诱变育种技术。
2.掌握发酵液中果胶酶的制备及其活性测定方法。

二、实训原理

果胶酶是分解果胶质的多种酶的总称,在饲料加工、食品加工、诱导植物抗病、环境保护和造纸等方面有很大的应用价值。尽管产生果胶酶的生物涵盖细菌、真菌、昆虫、线虫以及原生动物,但由于生产能力、酶活力、安全性等方面的原因,目前被人们广为开发利用的仍是以某些曲霉类真菌特别是黑曲霉所产的果胶酶为主。基于果胶酶合成代谢途径,利用物理、化学等诱变剂诱变处理并筛选营养缺陷型或结构类似物抗性突变株,从而选育出有利于果胶酶合成的突变株。

本实训以产果胶酶黑曲霉的紫外线诱变和甲基磺酸乙酯(EMS)诱变为例,介绍发酵菌种的人工诱变选育技术,以及果胶酶的制备及其活性测定方法。

三、实训材料和设备

1. 设备与仪器

高压蒸汽灭菌锅、生化培养箱、电热恒温培养箱、超净工作台、光学显微镜、电子分析天平、电热恒温水浴锅、pH 计、可见分光光度计、离心机、电热鼓风干燥箱、接种环、涂布器、培养皿、试管、量筒、三角烧瓶、酒精灯等。

2. 试剂与材料

菌种:黑曲霉。

甲基磺酸乙酯(EMS)、3,5-二硝基水杨酸(DNS)、果胶、马铃薯、麸皮、豆粕、苹果渣、果胶酶、葡萄糖、琼脂、刚果红、NaCl、KH_2PO_4、$MgSO_4$、$NaNO_3$、$Fe_2(SO_4)_3$、无菌水等。

3. 培养基

(1)斜面培养基(PDA) 马铃薯提取液 1.0 L,葡萄糖 20.0 g,琼脂 15.0 g,pH 自然。马铃薯提取液的制备:取去皮马铃薯 200 g,切成小块,加水至 1.0 L,煮沸 30 min,滤去马铃薯块,将滤液补水至 1.0 L,pH 7.0~7.2,115 ℃灭菌 15~20 min 后备用。

(2)平板分离培养基 KH_2PO_4 1.0 g,$MgSO_4$ 0.5 g,$NaNO_3$ 3 g,$Fe_2(SO_4)_3$ 0.01 g,果胶 2 g,琼脂粉 20 g,加水补至 1 L,pH 5.5,115 ℃灭菌 15~20 min 后备用。

(3)发酵产酶培养基 苹果渣 5 g,$(NH_4)_2SO_4$ 0.1 g,水 5 mL,装于 250 mL 三角烧瓶中,pH 7.0~7.2,115 ℃灭菌 15~20 min 后备用。

(4)固体培养基 麸皮 10 g,豆粕 0.25 g,$NaNO_3$ 0.35 g,$(NH_4)_2SO_4$ 0.1 g,装入 250 mL 三角烧瓶,按料水比 1:1.5 加去离子水,pH 5.5,115 ℃灭菌 15~20 min 后备用。

四、实训步骤

1. 出发菌的选择与培养

(1)菌种活化 从 4 ℃冰箱中取出斜面保藏的黑曲霉菌种,接种于 PDA 斜面培养基,36 ℃恒温培养 5~7 d。

(2)孢子悬液制备 取活化的黑曲霉斜面 1 支,用无菌水小心冲洗孢子,获得洗脱液,并制成均匀的孢子悬液,调节孢子浓度为 10^6 个/mL。

(3)平板分离 将上述菌悬液进行梯度稀释,使之浓度分别为 10^6 个/mL、10^5 个/mL、10^4 个/mL、10^3 个/mL、10^2 个/mL,将它们分别涂布在果胶平板培养基上,36 ℃恒温培养 5~7 d。

(4)菌种筛选　向平皿中加入 5 mL 刚果红溶液,静置 2 min 后即可见清晰的透明圈。将刚果红溶液倒出,加入 5 mL 生理盐水,静置 10 min。将剩余刚果红溶液冲洗干净,选取透明圈与菌落直径比大的菌种,接种于斜面培养基,并分别进行固体发酵。测定果胶酶酶活力,选取酶活力高的作为出发菌株。

2. 黑曲霉 EMS 诱变

(1)诱变处理。

①取 36 ℃恒温培养 5 d 的出发菌种斜面,转入装有玻璃珠及无菌水的三角烧瓶中,振荡,使孢子分散,制成均匀的孢子悬液,调整孢子浓度为 10^6 个/mL。

②配制 0.5 mol/L EMS 母液,取 0.5 mL EMS 母液,加入 10 mL 磷酸缓冲液(pH 7.2)中。

③取 0.5 mol/L EMS 母液 2 mL、4 mL、6 mL,分别加入 8 mL、6 mL、4 mL 的菌悬液中,室温下处理 4 h,终浓度分别为 0.1 mol/L、0.2 mol/L、0.3 mol/L。然后用 2% $Na_2S_2O_3$ 溶液洗涤,终止反应。

④吸取经不同浓度 EMS 溶液处理的孢子悬液 0.1 mL,经适当稀释后涂布在分离平板培养基上。每一种浓度设置 3 个平行,即涂布 3 个平板。

⑤用黑牛皮纸或锡箔包裹平皿,置于 36 ℃恒温箱中避光培养。培养约 4 d,当菌落长好后进行记数。

⑥绘制致死率曲线。选择致死率为 70%~80%时的浓度作为 EMS 的处理浓度。

(2)突变株的筛选。

①初筛。36 ℃培养并及时观察,挑选长出的较大菌落,先在完全培养基平板上传接两代,再于 4 ℃保藏平板。

②复筛。将初筛所获得的菌株进行固体发酵,36 ℃培养 3 d 后,向培养基中加入蒸馏水,浸提 3 h,用四层纱布过滤或用抽滤漏斗抽滤,得粗酶液。将其适当稀释,分别测各菌株的果胶酶活力,选择果胶酶活力高的菌株。

3. 黑曲霉的紫外线诱变

(1)诱变处理。

①取 36 ℃恒温培养 5 d 的出发菌种斜面,用 0.9%生理盐水洗下孢子,将孢子悬浮液置于无菌的盛有玻璃珠的三角烧瓶中,振荡,使孢子分散。再用双层无菌擦镜纸过滤,形成分散程度为 90%~95%的单孢子悬浮液。

②用生理盐水将孢子悬浮液浓度调整到 10^6 个/mL。吸取 10 mL 上述悬浮液,加入直径 9 cm 的平皿中。将 15 W 紫外灯打开,预热 30 min,使光波稳定。

③将盛有悬浮液的平皿置于诱变箱内的磁力搅拌器上,平皿距紫外灯管垂直距离为 30 cm。调节搅拌子的转速,待搅拌子转速稳定后,打开平皿盖子照射。照射计时从开盖时起,到加盖时止,照射时间分别为 0 s、60 s、120 s、180 s、240 s、300 s 和 360 s。

④分别从各种照射时间的平皿中取出菌悬液进行适当稀释,吸取 0.1 mL 稀释液涂布在

分离平板培养基上,每一浓度菌悬液涂布3个平板。

⑤用黑牛皮纸或锡箔包裹平皿,置于36 ℃恒温箱中避光培养。当菌落长好后(培养约4 d)进行记数。

⑥计算不同照射时间的相对致死率,选择致死率为70％～80％时的剂量作为紫外线的照射剂量。

(2)突变株的筛选方法同上。

4. 诱变菌种遗传稳定性测定

将诱变后筛选得到的菌株分别连续接种五代,每一代菌株先进行种子培养,然后测定发酵产酶量,筛选出产量高并且传代稳定的菌株。

5. 果胶酶活性的测定

采用3,5-二硝基水杨酸法(DNS法)测定果胶酶活力,底物为0.4％果胶溶液(pH 4.0)。取0.5 mL适当稀释的酶液于比色管中,加入2 mL底物溶液,45 ℃水浴反应30 min,加入DNS溶液煮沸5 min,冷却定容至25 mL,在520 nm处测吸光度值。1个酶活力单位定义为在50 ℃、pH 3.5的条件下,1 min水解果胶产生1 μg还原糖(以半乳糖醛酸计算)所需的酶量。

五、实训结果与报告

1. 甲基磺酸乙酯(EMS)诱变育种和诱变菌种筛选结果。
2. 紫外线诱变育种和诱变菌种筛选结果。
3. 诱变菌种发酵液中果胶酶含量、酶活测定结果与分析。

六、实训作业

1. 什么是甲基磺酸乙酯(EMS)诱变育种?应用该诱变育种方法育种时需要注意什么?
2. 除了DNS法外,还有哪些方法可用于测定果胶酶酶活?

实训五　产蛋白酶菌原生质体育种

一、实训目的

1. 掌握枯草芽孢杆菌和米曲霉原生质体融合育种技术。
2. 掌握发酵液中蛋白酶的制备及其活性测定方法。

二、实训原理

原生质体育种技术主要有原生质体融合技术和原生质体转化技术,此外,还有原生质体诱变育种技术等。其中,原生质体融合技术就是将双亲株的微生物细胞分别通过酶解脱壁,使之形成原生质体,然后在高渗的条件下混合,并加入助融剂,使双亲株的原生质体间相互凝集。通过细胞质融合和核融合,发生基因组间的交换重组,进而在适宜的条件下再生出微生物的细胞壁来。然后通过合理的筛选程序,从再生细胞中获得重组子,从而选育出优良的杂交菌种。枯草芽孢杆菌具有安全性好、产蛋白酶活力高、培养设备条件要求低、耗能低、菌体细胞繁殖量高等优点,在许多生产领域中得到应用。米曲霉是酿造业中的重要微生物,在其生长过程中能分泌多种酶系,其中较为重要的是蛋白酶,该酶在食品、饲料等行业中具有十分重要的作用。

本实训以选育生长速度快且蛋白酶活力高的新菌株(使枯草芽孢杆菌和米曲霉二者的原生质体融合)为例,介绍发酵菌种的原生质体育种方法以及蛋白酶的制备及其活性测定方法。

三、实训材料和设备

1. 设备与仪器

高压蒸汽灭菌锅、生化培养箱、电热恒温培养箱、超净工作台、光学显微镜、电子分析天平、电热恒温水浴锅、pH 计、可见分光光度计、离心机、电热鼓风干燥箱、接种环、涂布器、培养皿、试管、量筒、三角烧瓶、酒精灯等。

2. 试剂与材料

菌种:枯草芽孢杆菌和米曲霉。

蔗糖、溶菌酶、青霉素、蛋白酶、酪氨酸、葡萄糖、牛肉膏、蛋白胨、酵母膏、NaCl、顺丁烯二酸、琼脂、Folin—酚、PEG—6000、KH_2PO_4、$MgSO_4 \cdot 7H_2O$、$MgCl_2$、$FeSO_4$、$NaNO_3$、Na_2CO_3、吐温—80、蛋氨酸、NaOH、HCl、Na_2HPO_4、NaH_2PO_4、无菌水等。

3. 培养基

(1)LB 培养基 胰化蛋白胨 1 g,酵母提取物 0.5 g,NaCl 1 g,pH 7.0,去离子水 100 mL,琼脂 2 g。

(2)原生质体高渗液(SMM) 蔗糖 0.5 mol/L,20 mol/L $MgCl_2$,顺丁烯二酸 20 mmol/L,pH 6.5,用蒸馏水配制。

(3)再生培养基(双层琼脂培养基) 用 LB 培养基和高渗液 100 mL 配制,pH 7.0。上层琼脂 0.8 g,下层琼脂 2 g。

(4)土豆培养基(CM,PDA) 去皮土豆 200 g,水 100 mL,煮沸 20 min,用双层纱布过滤,向滤液中加 2% 葡萄糖,2% 琼脂,pH 7.0,去离子水 100 mL。

(5)查氏培养基(MM) 蔗糖 3 g,$NaNO_3$ 0.3 g,KH_2PO_4 0.1 g,KCl 0.05 g,$MgSO_4 \cdot 7H_2O$ 0.05 g,$FeSO_4$ 0.001 g,琼脂 1.5~2.0 g,pH 7.0,加去离子水 100 mL,115 ℃灭菌

20 min。

(6)菌丝生长培养基(液体)　MM加酵母膏0.5%,蛋白胨0.5%,吐温—80 0.05%,蛋氨酸70 μg/mL。

(7)高渗培养基　在固体培养基和半固体培养基上补加0.8 mol/L NaCl。

(8)固体和半固体培养基　在MM和CM基础上分别补加2%和0.5%琼脂。以上液体于115 ℃灭菌15~20 min。

四、实训步骤

1. 原生质体的制备

(1)枯草芽孢杆菌原生质体的制备　取枯草芽孢杆菌并接种于LB培养基中,30 ℃、220 r/min振荡培养12 h。取10%菌悬液转入新鲜的LB液体培养基,5 h后加入青霉素溶液,再培养6 h,3000 r/min离心10 min。收集菌体,用SMM液洗涤3次,加入溶菌酶液混合均匀,置恒温水浴中保温酶解。定时取样镜检,至大部分菌体形成原生质体时停止酶解。酶解结束后以3000 r/min离心10 min,用SMM液洗涤3次,以清除酶液,并将原生质体重新悬浮于SMM液中。

(2)米曲霉原生质体的制备　取米曲霉PDA斜面并置于无菌操作台中,加少量无菌水,用接种环刮取PDA斜面上生长旺盛的米曲霉孢子,再用无菌脱脂棉过滤,制得孢子悬液,并用血球计数器计数。取新鲜的孢子悬液(3×10^8个/mL)0.1 mL,接种于50 mL菌丝生长培养基的三角烧瓶中,于32 ℃、150 r/min恒温摇床中培养15 h。米曲霉菌丝经离心与培养基分离,用渗稳剂溶液离心洗涤(3000 r/min)3次,洗涤后置于离心管中,加入复合酶液3 mL,于30 ℃恒温水浴中振荡酶解2.5 h。然后用四层高级擦镜纸过滤,过滤后温和地沉降原生质体(3000 r/min,13 min),用渗稳剂溶液离心洗涤3次,弃去上清液,收集原生质体,并重悬于0.8 mol/L NaCl溶液中,用血球计数器计数。

2. 原生质体的再生

(1)枯草芽孢杆菌原生质体的再生　将上述原生质体用各自的高渗液和水进行梯度稀释,分别涂布在再生培养基上。30 ℃恒温培养5~8 d后,分别对长出的菌落计数,计算再生率。

$$再生率 = (A-B)/C \times 100\%$$

式中:A—高渗液稀释后再生菌落数;

　　　B—水稀释后生长菌落数;

　　　C—血球计数器测得的原生质体数。

(2)米曲霉原生质体的再生　将上述所得原生质体悬浮液用0.8 mol/L NaCl溶液进行梯度稀释。稀释到适当浓度后,分别取1 mL接种于CM平板和高渗CM平板,28 ℃培养2~5 d,计算再生率。

$$再生率 = (A-B)/C \times 100\%$$

式中:A—高渗CM上的菌落数;

B—CM 上的菌落数；

C—显微镜计数的原生质体数。

3. 原生质体的灭活

(1)枯草芽孢杆菌原生质体的灭活　取若干管同等数量级的枯草芽孢杆菌原生质体悬浮液 5 mL，置于灭过菌的平皿中，用 20 W 紫外灯（垂直距离 20 cm）分别照射 0 min、20 min、30 min、40 min、50 min、60 min，然后涂布在再生培养基上。培养 5～8 d 后，计数再生菌落，计算再生率。

(2)米曲霉原生质体的灭活　将制得的米曲霉原生质体悬浮液稀释到 10^5 个/mL，取直径为 9 cm 的平皿，加入 5 mL 原生质体悬浮液。在 15 W 紫外灯下 10 cm 处，分别振摇照射 1 min、3 min、5 min、10 min、15 min，然后涂布在高渗 CM 平板上。培养 2～5 d 后，计数再生菌落，计算再生率。

4. 原生质体的融合

取同等数量级的双亲灭活原生质体悬浮液各 0.5 mL，混匀后于 300 r/min 离心 10 min，弃去上清液，加入 PEG－6000 溶液 1 mL，在恒温水浴中分别保温 0 min、1 min、2 min、4 min、6 min、8 min。然后离心，弃去上清液，并用 SMM 溶液稀释，涂布在再生培养基上。30 ℃培养 5～8 d 后，计数再生菌落，计算融合率。

$$融合率=(A-B)/C×100\%$$

式中：A—融合后再生菌落数；

B—双亲株原生质体存活数；

C—双亲株原生质体总数。

5. 融合子的鉴定

(1)融合子产蛋白酶能力分析　将融合子进行液体发酵培养后，测定蛋白酶酶活。选择酶活较高的株融合子再进行固体发酵，测定其酶活。

(2)融合子遗传稳定性分析　将融合子连续传代 10 次后，测定其蛋白酶活，考察其产酶能力的变化。

6. 蛋白酶活性的测定

(1)标准曲线制作　在 6 个试管中分别按表 2-1 的配置方法加入溶液，然后置于 40 ℃水浴中显色 20 min，在波长 680 nm 下测定 OD 值，以不含酪氨酸的空白管为对照。以酪氨酸微克数为横坐标，OD 值为纵坐标，做标准曲线，计算斜率。

表 2-1　酪氨酸标准曲线制作

管号	酪氨酸标准溶液(μg/mL)	100 μg/mL 酪氨酸标准溶液(mL)	蒸馏水(mL)	4.0 mol/L Na_2CO_3(mL)	Folin－酚试剂(mL)
0	0	0	10	5	1
1	10	1	9	5	1

续表

管号	酪氨酸标准溶液(μg/mL)	100 μg/mL 酪氨酸标准溶液(mL)	蒸馏水(mL)	4.0 mol/L Na_2CO_3(mL)	Folin－酚试剂(mL)
2	20	2	8	5	1
3	30	3	7	5	1
4	40	4	6	5	1
5	50	5	5	5	1

(2) 蛋白酶活的测定　将 30 g 麸皮放入三角烧瓶中,加入 20 mL 水。灭菌后,接入 10 mL 待测菌株的发酵液,搅匀。在 30 ℃ 保温发酵 1 d 后,取出 10 g 发酵液,加入 40 mL pH 7.5 磷酸缓冲液浸提,搅拌 1 h 后用滤纸过滤,即为酶液。经适当稀释后,取 1 mL 在 40 ℃ 水浴中保温 2 min,加入酪素 1 mL,混合均匀后,于 40 ℃ 恒温水浴反应 30 min。加入三氯乙酸 2 mL,取出静置 10 min,过滤。取 1 mL 滤液加入 Na_2CO_3 溶液 5 mL 和 Folin－酚试剂 1 mL,在 40 ℃ 恒温水浴中显色 20 min,测定 OD_{680} 值。空白样加样顺序为:酶液 1 mL、三氯乙酸 2 mL、酪素 1 mL,其余方法相同。

(3) 蛋白酶活定义　在 40 ℃、pH 7.5 条件下,以 1 g 固体酶粉(或 1 mL 液体酶)1 min 水解酪素产生 1 μg 酪氨酸为一个酶活力单位,单位为 U/g(U/mL)。

五、实训结果与报告

1. 原生质体融合率计算结果、融合子的鉴定结果及分析。
2. 发酵液中蛋白酶活测定结果与分析。

六、实训作业

1. 什么是原生质体融合育种技术？结合实例说说该技术的应用领域。
2. 本实训中为何要采用枯草芽孢杆菌和米曲霉进行原生质体融合？是否可以用其他菌种进行融合？
3. 本实训中如何筛选出高产蛋白酶的原生质体融合菌株？

实训六　产纤维素酶木霉的原生质体诱变育种

一、实训目的

1. 掌握木霉原生质体诱变育种技术。
2. 掌握发酵液中纤维素酶的制备及其活性测定方法。

二、实训原理

原生质体育种技术主要有原生质体融合、原生质体转化和原生质体诱变育种等。其中，原生质体诱变育种技术是指以微生物原生质体为育种材料，采用物理或化学诱变剂处理，分离后在再生培养基中再生，并从再生菌落中筛选高产突变菌株。纤维素是世界上最丰富的再生能源，约占生物总量的50%，将纤维素资源转变为我们所需的食品、生物质能、化工原料、饲料等，具有重要意义。纤维素酶是将纤维素降解成为葡萄糖的一组酶的总称，在利用植物资源生产乙醇、单细胞蛋白或其他发酵产品中，其作用是十分显著的。随着再生植物纤维资源的深入开发和研究，纤维素酶的作用越来越受到研究者们的关注。因此，筛选和选育纤维素酶高产菌株有着重要的实际意义。

本实训以选育生长速度快且纤维素酶活力高的新菌株（诱变绿色木霉原生质体）为例，介绍发酵菌种的原生质体育种技术，以及发酵液中纤维素酶的制备及其活性测定方法。

三、实训材料和设备

1. 设备与仪器

高压蒸汽灭菌锅、生化培养箱、电热恒温培养箱、超净工作台、光学显微镜、电子分析天平、电热恒温水浴锅、pH计、可见分光光度计、离心机、电热鼓风干燥箱、接种环、涂布器、培养皿、试管、量筒、三角烧瓶、酒精灯等。

2. 试剂与材料

菌种：绿色木霉。

纤维素酶、蔗糖、溶菌酶、葡萄糖、吐温-80、链霉素、马铃薯、麸皮、羧甲基纤维素钠、蛋白胨、$MgSO_4 \cdot 7H_2O$、$FeSO_4 \cdot 7H_2O$、$(NH_4)_2SO_4$、KH_2PO_4、$CaCl_2$、K_3PO_4、KCl、NaOH、$NaNO_3$、K_2HPO_4、浓盐酸、琼脂、无菌水等。

3. 培养基

(1) 斜面培养基（PDA）　200 g 马铃薯浸汁，葡萄糖20 g，琼脂20 g，加蒸馏水定容至1000 mL，pH 7.0。不加琼脂即为液体培养基（PDB）。

(2) 种子液体培养基　麸皮5 g，稻草粉10 g，$(NH_4)_2SO_4$ 2.0 g，KH_2PO_4 1.0 g，$CaCl_2$

1.0 g,加蒸馏水定容至 1000 mL,pH 7.0。

(3)**固体发酵培养基** 麸皮 0.5 g,稻草粉 1.5 g,蛋白胨 0.06 g,蒸馏水 10 mL。

(4)**再生培养基** 葡萄糖 20.0 g,蔗糖 200 g,琼脂 4.0 g,$(NH_4)_2SO_4$ 1.4 g,KH_2PO_4 2.0 g,K_3PO_4 4.0 g,$MgSO_4 \cdot 7H_2O$ 0.3 g,NaCl 17.5 g,$CaCl_2$ 0.3 g,吐温-80 0.1 g,链霉素 0.08 g,$FeSO_4 \cdot 7H_2O$ 5.0 mg,$MnSO_4$ 1.6 mg,$ZnSO_4 \cdot 7H_2O$ 1.4 mg,$CoCl_2 \cdot 2H_2O$ 2.0 mg,加蒸馏水定容至 1000 mL。

以上液体于 115 ℃灭菌 15~20 min,加无菌琼脂后即为固体培养基。

四、实训步骤

1. 原生质体的制备

从 4 ℃冰箱中取出绿色木霉斜面培养基,经划线转接到 PDA 上,培养 3 d,然后用无菌生理盐水小心冲洗,制成 1.0×10^6 个/mL 的孢子悬浮液。取 1 mL 接种于 100 mL 的 PDB,摇床培养 16~20 h。用布氏漏斗和四层擦镜纸滤去未萌发孢子,用无菌水洗涤 2 次,再用高渗缓冲液洗涤 2 次,制得备用菌丝。称取 0.5 g 湿菌丝,置于已灭菌的 50 mL 三角烧瓶中,加入 5 mL 酶解液(溶菌酶:蜗牛酶=3:3,m/V),在 32 ℃、160 r/min 条件下,恒温振荡酶解 2~3 h。酶解结束后,用布氏漏斗和四层擦镜纸过滤,滤去未被酶解的菌丝残片。过滤时,用大量的 0.6 mol/L NaCl 溶液冲洗,然后离心去除酶解液,再用高渗缓冲液洗涤 2 次。每次洗涤后,均在 4 ℃、5000 r/min 条件下离心 10 min,然后去除上清液,最后悬浮于 5 mL 高渗缓冲液中。用血球计数器在显微镜下观察计数,调整原生质体的浓度为 1.0×10^6 个/mL,置于 4 ℃冰箱保存。

2. 原生质体的紫外线诱变

(1)将制备好的原生质体浓度调整至 1.0×10^6 个/mL 左右。

(2)取 1 mL 梯度稀释至 10^{-7},取稀释度为 10^{-7}、10^{-6} 菌悬液各 0.2 mL,分别涂布在再生培养基平板上,在 25 W 紫外灯下 30 cm 处照射,采取 30 s、60 s、90 s、120 s、150 s 5 个时间梯度进行紫外线诱变处理,每个时间用 3 个平板,对照组不进行紫外线照射。在 28 ℃培养箱培养,观察菌落生长情况,取平均菌落数计算致死率,绘制致死曲线,确定最佳诱变时间。

(3)以最佳诱变时间、致死率为 80% 的照射剂量进行诱变处理,步骤同上。诱变处理后,取 1 mL 梯度稀释至 10^{-5},取稀释度为 10^{-5}、10^{-4} 菌悬液各 0.2 mL,分别涂布在再生培养基平板上,在 28 ℃培养箱培养,然后挑选长出的较大菌落,即为变异菌株。

(4)筛选出的菌落再经斜面培养、种子液培养和发酵摇瓶培养,最后测定发酵液中的纤维素酶含量。

诱变致死率=(诱变开始时形成的菌落数-诱变后形成的菌落数)/诱变开始时形成的菌落数×100%

3. 纤维素酶的制备、含量及酶活测定

具体参考本单元实训二。

五、实训结果与报告

1. 原生质体诱变致死率计算结果、诱变菌种的鉴定结果及分析。
2. 发酵液中纤维素粗酶的含量及其酶活测定结果与分析。

六、实训作业

1. 什么是原生质体诱变育种？该技术和原生质体融合育种技术有什么区别？
2. 本实训中采用紫外线对原生质体进行诱变，是否还可以采用其他方法？试举例说明。

实训七　高产果胶酶黑曲霉基因组改组技术

一、实训目的

1. 掌握黑曲霉基因组改组技术。
2. 掌握发酵液中果胶酶活性测定方法。

二、实训原理

基因组改组技术操作步骤：首先对微生物菌株进行诱变，筛选出正向突变的菌株。然后将去除细胞壁后形成的原生质体进行融合，这些正向突变的若干个菌株进行基因组重组，相当于基因组之间的遗传物质进行融合。经过传代后，融合并交互的遗传物质传递到下一代，实现了基因组之间的改组。从中筛选出符合育种要求的重组子，从而在短时间内获得性状得到大幅度提高的菌株。

果胶酶是分解果胶的多种酶的总称，在饲料加工、食品加工、诱导植物抗病、环境保护和造纸等方面有很大的应用价值。尽管产生果胶酶的生物涵盖细菌、真菌、酵母、昆虫、线虫以及原生动物，但由于生产能力、酶活力、安全性等因素，目前被人们广为开发利用的仍以某些曲霉类真菌特别是黑曲霉所产的果胶酶为主。

本实训以产果胶酶黑曲霉的体外诱变及其原生质体融合为例，介绍发酵菌种的基因组改组技术，以及果胶酶的制备及其活性测定方法。

三、实训材料和设备

1. 设备与仪器

高压蒸汽灭菌锅、生化培养箱、电热恒温培养箱、超净工作台、光学显微镜、电子分析天平、电热恒温水浴锅、pH 计、可见分光光度计、离心机、电热鼓风干燥箱、接种环、涂布器、培养皿、试管、量筒、三角烧瓶、酒精灯等。

2. 试剂与材料

菌种：黑曲霉。

甲基磺酸乙酯（EMS）、果胶、马铃薯、麸皮、豆粕、苹果渣、果胶酶、葡萄糖、山梨醇、琼脂、刚果红、蜗牛酶、纤维素酶、溶菌酶、半乳糖醛酸、DNS、PEG－6000、NaCl、KH_2PO_4、$MgSO_4$、$NaNO_3$、$Fe_2(SO_4)_3$、$CaCl_2$、去离子水等。

3. 培养基

（1）斜面培养基（PDA） 马铃薯提取液 1.0 L，葡萄糖 20.0 g，琼脂 15.0 g，pH 7.0～7.2，115 ℃灭菌 15～20 min 后备用。

马铃薯提取液制备方法：取去皮马铃薯 200 g，切成小块，加去离子水至 1.0 L，煮沸 30 min，滤去马铃薯块，向滤液中加去离子水，补至 1.0 L。

（2）平板分离培养基 KH_2PO_4 1.0 g，$MgSO_4$ 0.5 g，$NaNO_3$ 3 g，$Fe_2(SO_4)_3$ 0.01 g，果胶 2 g，琼脂粉 20 g，加水补至 1 L，pH 5.5，115 ℃灭菌 15～20 min 后备用。

（3）发酵产酶培养基 苹果渣 5 g，$(NH_4)_2SO_4$ 0.1 g，去离子水 5 mL，装于 250 mL 三角烧瓶中，pH 7.0～7.2，115 ℃灭菌 15～20 min 后备用。

（4）固体培养基 麸皮 10 g，豆粕 0.25 g，$NaNO_3$ 0.35 g，$(NH_4)_2SO_4$ 0.1 g，装入 250 mL 三角烧瓶中，按料水比 1.0:1.5（*m/V*）加去离子水，pH 5.5，115 ℃灭菌 15～20 min 后备用。

（5）原生质体再生培养基 PDA 固体培养基（添加 NaCl 0.5 mol/L）。

四、实训步骤

1. 出发菌的选择与培养

（1）活化菌种 从 4 ℃冰箱中取出斜面保藏的黑曲霉菌种，接种在 PDA 斜面培养基上，36 ℃恒温培养 5～7 d。

（2）制备孢子悬浮液 取活化的黑曲霉斜面 1 支，用无菌水小心冲洗孢子，获得洗脱液，并制成均匀的孢子悬浮液，调节孢子浓度为 10^6 个/mL。

（3）进行平板分离 将上述菌悬液进行系列稀释，使之浓度分别为 10^6 个/mL、10^5 个/mL、10^4 个/mL、10^3 个/mL、10^2 个/mL，然后涂布在果胶平板培养基上。36 ℃恒温培养 5～7 d。

（4）筛选菌种 向平皿中加入 5 mL 刚果红溶液，静置 2 min 后即可见清晰的透明圈。将刚果红溶液倒出，加入 5 mL 生理盐水，静置 10 min。将剩余的刚果红溶液冲洗干净，选取透明圈与菌落直径比大的菌种接种于斜面培养基，并分别进行固体发酵，测定果胶酶酶活,选取酶活力高的作为出发菌株。

2. 黑曲霉紫外线诱变和 EMS 诱变及其遗传稳定性

见本单元实训四。

3. 黑曲霉原生质体的制备和再生

(1)黑曲霉原生质体的制备 从 4 ℃冰箱中取出斜面保藏的黑曲霉菌种,接种于固体培养基上,36 ℃恒温培养 96 h。挑选标准菌落再划线,接种于分离培养基中,36 ℃恒温培养 96 h。从平板上取 4 cm² 左右大小的琼脂块,放入内含 60 mL 分离液体培养基的三角烧瓶中,36 ℃恒温培养 72~144 h。收集菌丝体,用 1 mol/L 山梨醇溶液洗 1 次,称取湿重,按 1∶10(m/V)加入裂解酶液(1% 蜗牛酶+1% 纤维素酶+0.1% 溶菌酶),在 30 ℃、80 r/min 条件下进行酶解。用血球计数器监测原生质体的形成数量,确定酶解时间。将原生质体液过滤,取滤液于 3200 r/min 离心 10 min,弃上清液,分别用预冷的 0.6 mol/L KCl 溶液、S/C 溶液(1 mol/L 山梨醇,50 mmol/L $CaCl_2$)洗涤沉淀,再离心。将原生质体沉淀重悬于适量 S/C 溶液中,置冰浴中备用。

(2)黑曲霉原生质体的再生 将新鲜制备的原生质体适当稀释,涂布在添加 0.6 mol/L $MgSO_4$(作为渗透压稳定剂)的固体培养基上,置 36 ℃培养 3~4 d,对形成的菌落进行计数(A)。为消除由未除尽的菌丝片段再生出的菌落所造成的误差,同时将原生质体涂布在未添加渗透压稳定剂的固体培养基上,其再生菌落数作为对照(B),在显微镜下观察到的原生质体数计为 C,再生率用下式计算:

$$原生质体再生率 = (A-B)/C \times 100\%$$

(3)黑曲霉原生质体的灭活 将制得的黑曲霉原生质体悬浮液稀释到 10^5 个/mL,取直径为 9 cm 的平皿,加入 5 mL 原生质体悬浮液。在 15 W 紫外灯下 10 cm 处,分别振摇照射 1 min、3 min、5 min、10 min、15 min,然后涂布在高渗平板分离培养基上。培养 3~5 d 后,计数再生菌落,计算再生率。

4. 黑曲霉基因组改组

将紫外线诱变和 EMS 诱变原生质体等量混合后分为 2 份,分别置于紫外线下灭活 30 min 和 60 ℃水浴中处理 120 min(各取 100 μL 原生质体液涂布在再生培养基平板上作对照)。混合后离心,重悬于 100 μL 原生质体缓冲液中,加 900 μL 40% PEG-6000,室温放置 3 min。加 10 mL 原生质体缓冲液稀释,离心、洗涤,重悬于 100 μL 原生质体缓冲液,稀释后涂布在再生培养基平板上,36 ℃培养 3~5 d。

5. 基因组改组菌种的筛选

(1)初筛 把再生平板培养基上的菌落用无菌水洗下来,稀释至 10^{-7}~10^{-5},分别取 0.1 mL 稀释液涂布在筛选培养基平板上,36 ℃培养 3~5 d。挑取生长良好、多个性状稳定并且果胶酶产量高的菌株作为第一轮改组菌株。

(2)复筛 将上一次融合并筛选的多个菌株进行下一轮原生质体制备、灭活、融合和再生,所得菌落经筛选培养基平板初筛并摇瓶复筛后,即得到改组菌株。

6. 果胶酶活力的测定

采用 3,5-二硝基水杨酸法(DNS法)测定果胶酶活力。底物为 0.4% 果胶溶液(pH 4.0),取 0.5 mL 适当稀释的酶液于比色管中,加入 2 mL 底物溶液,45 ℃ 水浴反应 30 min,加入 DNS 溶液煮沸 5 min,冷却,定容至 25 mL,测定 520 nm 处吸光值。1 个酶活力单位定义为在 50 ℃、pH 3.5 的条件下,1 min 水解果胶产生 1 μg 还原糖(以半乳糖醛酸计算)所需的酶量。

五、实训结果与报告

1. 黑曲霉基因组改组初筛和复筛结果及分析。
2. 基因组改组菌株发酵液中果胶酶酶活测定结果与分析。

六、实训作业

1. 基因组改组技术和原生质体诱变育种技术有什么区别?
2. 本实训中如何筛选出高产果胶酶的基因组改组菌株?

实训八 产多糖啤酒酵母基因组改组技术

一、实训目的

1. 掌握啤酒酵母的体外基因组改组技术。
2. 掌握啤酒酵母多糖的制备和测定方法。

二、实训原理

基因组改组技术操作步骤:首先对微生物菌株进行诱变,筛选出正向突变的菌株。然后将微生物去除细胞壁后形成的原生质体进行融合,这些正向突变的若干个菌株进行基因组重组,相当于基因组之间的遗传物质进行融合。经过传代后,融合并交互的遗传物质传递到下一代,实现了基因组之间的改组。从中筛选出符合育种要求的重组子,从而在短时间内获得性状得到大幅度提高的菌株。

酵母细胞壁中 60% 是多糖,其主要成分是葡聚糖和甘露聚糖,它们在人的消化道中难以被消化,可以作为膳食纤维发挥作用。多糖类化合物是啤酒酵母中主要的活性成分之一,具有增强巨噬细胞活性、提高免疫力、抗肿瘤和抗病毒等功效。酵母多糖在食品中还可作为增稠剂,具有保湿、成膜、无刺激性等特点,已广泛应用于医药、食品、化妆品和饲料等行业。

本实训以产啤酒酵母的体外诱变及其原生质体融合为例,介绍发酵菌种的基因组改组技术以及啤酒酵母多糖的制备和测定方法。

三、实训材料和设备

1. 设备与仪器

高压蒸汽灭菌锅、生化培养箱、电热恒温培养箱、超净工作台、光学显微镜、电子分析天平、水浴锅、冷冻干燥机、可见分光光度计、离心机、超声波萃取仪、电热鼓风干燥箱、接种环、涂布器、培养皿、试管、量筒、三角烧瓶、抽滤漏斗、酒精灯等。

2. 试剂与材料

菌株:啤酒酵母。

葡萄糖、蔗糖、β-巯基乙醇、亚硝基胍(NTG)、EDTA、NaCl、NaOH、PEG-6000、三氯甲烷、正丁醇、蜗牛酶、浓盐酸、浓硫酸、苯酚、乙醇、酵母膏、蛋白胨、琼脂、去离子水等。

3. 培养基

(1)酵母浸出粉胨葡萄糖培养基(YEPD) 1%酵母膏,2%蛋白胨,2%葡萄糖,2%琼脂,去离子水1000 mL,pH 7.0。

(2)原生质体再生培养基 YEPD固体培养基(添加NaCl 0.5 mol/L)。

四、实训步骤

1. 啤酒酵母紫外线诱变和NTG诱变及其遗传稳定性

(1)出发菌的选择 选择生长快、适合液体发酵培养、多糖产量较高的菌株,同时进行菌体生长测定,选用对数生长中后期的细胞。吸取0.2 mL待测液,加入0.25 mol/L HCl溶液5 mL,以加0.2 mL蒸馏水的待测液为空白,在620 nm处测光密度值,以光密度值大小反映菌体生长情况。

(2)紫外线诱变育种。

①按照上述菌体生长测定方法,绘制菌株的生长曲线,找到菌株对数中后期的生长时间,在此时间内进行诱变。

②取处于对数中后期生长时间段的啤酒酵母种子液5~10 mL,5000 r/min离心5 min,弃去上清液,用灭菌的生理盐水洗涤,菌种用玻璃珠打散,获得细胞悬浮液,使其菌体浓度为10^8个/mL左右。

③取1 mL细胞悬浮液,梯度稀释至10^{-7},取稀释度为10^{-7}、10^{-6}悬浮液各0.2 mL,分别涂布在基本培养基平板上,在20 W紫外灯下50 cm处照射,采取30 s、60 s、90 s、120 s、150 s 5个梯度进行紫外线诱变处理,每个时间用3个平板,对照组不进行紫外线照射。37 ℃恒温培养,观察菌落生长情况,取平均菌落数,计算致死率,绘制致死曲线,确定最佳诱变时间。

④以最佳诱变时间进行诱变处理,步骤同上。诱变处理后,取1 mL悬浮液梯度稀释到

10^{-5},取稀释度10^{-5}、10^{-4}悬浮液各0.2 mL,分别涂布在再生培养基平板上,37 ℃恒温培养,然后挑选长出的较大菌落,即为变异菌株。

⑤筛选出的菌落再进行发酵培养,最后测定发酵液中的多糖含量。

(3)亚硝基胍(NTG)诱变育种。

①按照上述菌体生长测定方法,绘制菌株的生长曲线,找到菌株对数中后期的生长时间,在此时间内进行诱变。

②取处于对数中后期生长时间段的啤酒酵母种子液,5000 r/min 离心 5 min,弃去上清液,用无菌生理盐水洗涤,再用 0.1 mol/L 磷酸缓冲液(pH 6.0)洗涤 2 次,加入 pH 6.0 的 0.1 mol/L 磷酸缓冲液至 6.5 mL,使其菌体浓度为 10^8/mL 左右。

③分别加入浓度为 0.2 mg/mL、0.3 mg/mL、0.4 mg/mL、0.5 mg/mL 的 NTG,对照组不加 NTG 诱变剂,37 ℃诱变 15 min,用 0.1 mol/L 磷酸缓冲液洗涤 3 次,除去 NTG 终止诱变。

④诱变处理后,取 1 mL 悬浮液梯度稀释至10^{-7},取稀释度10^{-7}、10^{-6}悬浮液各0.2 mL,分别涂布在含 4 mg/mL NTG 的基本培养基平板上。37 ℃恒温培养,进行菌落统计,取平均菌落数,计算致死率,绘制致死曲线,确定最佳诱变浓度。

⑤以最佳诱变浓度进行诱变处理,步骤同上。诱变处理后,取 1 mL 悬浮液,梯度稀释到10^{-5},取稀释度10^{-5}、10^{-4}悬浮液各 0.2 mL,分别涂布在再生培养基平板上,然后挑选长出的较大菌落,即为变异菌株。

⑥筛选出的菌落再进行发酵培养,最后测定发酵液中的多糖含量。

2. 啤酒酵母原生质体的制备和再生

(1)啤酒酵母原生质体的制备　取处于对数生长中期的酵母菌液 5 mL,3500 r/min 离心 5 min,收集菌体,菌体经离心机离心洗涤 2 次,悬浮于 2 mL 含 0.3% β—巯基乙醇、0.1% EDTA—Na_2 的溶液中,于 37 ℃水浴保温 10～15 min。3500 r/min 离心 5 min,收集菌体,用 0.18 mol/L KCl 溶液洗涤 2 次,悬浮于 1 mL 2% 蜗牛酶液中,37 ℃恒温水浴酶解。酶解结束后,4000 r/min 离心 10 min,去除蜗牛酶液,用 pH 6.12 高渗缓冲溶液洗涤 2 次,收集原生质体。

(2)啤酒酵母原生质体的再生　采用双层平板法再生原生质体。首先在培养皿中铺一底层含 2.5% 琼脂的高渗 YEPD 再生培养基,放温箱中烘数小时,使其表面脱水。然后将 10 mL 预先保温在 40 ℃、含有 0.5% 琼脂并混合了 1 mL 原生质体悬浮液的高渗 YEPD 再生培养基倒入底层平板中,制成双层平板,30 ℃培养 48 h。对形成的菌落进行计数(A),同时将原生质体涂布在未添加渗透压稳定剂的固体培养基上,以其再生菌落数作为对照(B),在显微镜下观察到的原生质体数计为C,用下式计算再生率:

$$\text{原生质体再生率} = (A-B)/C \times 100\%$$

(3)啤酒酵母原生质体的灭活　将制得的啤酒酵母原生质体悬浮液稀释到10^5个/mL,取直径为 9 cm 的平皿,加入 5 mL 原生质体悬浮液。在 15 W 紫外灯下 10 cm 处,分别振摇照射 1 min、3 min、5 min、10 min、15 min,然后涂布在高渗平板分离培养基上,培养 3～5 d 后,计数再生菌落,并计算再生率。

3. 啤酒酵母基因组改组

将紫外线诱变和 NTG 诱变的原生质体等量混合后分为 2 份,分别置于紫外线下灭活 30 min 和 60 ℃水浴中处理 120 min(各取 100 μL 原生质体液涂布在再生培养基平板上作对照)。混合后离心,重悬于 100 μL 原生质体缓冲液中,加 900 μL 40% PEG-6000,室温放置 3 min。加 10 mL 原生质体缓冲液稀释,离心、洗涤,重悬于 100 μL 原生质体缓冲液,稀释后涂布在再生培养基平板上,36 ℃培养 3～5 d。

4. 基因组改组菌种的筛选

(1)初筛　把再生平板培养基上的菌落用无菌水洗下来,稀释至 10^{-7}～10^{-5},分别取 0.1 mL 涂布在筛选培养基平板上,37 ℃培养 3～5 d。挑取生长良好、多个性状稳定并且多糖产量高的菌株作为第一轮改组菌株。

(2)复筛　将上一次融合并筛选的多个菌株进行下一轮原生质体制备、灭活、融合和再生,所得菌落经筛选培养基平板初筛并摇瓶复筛后,即得到改组菌株。

5. 多糖的提取和含量测定

(1)粗多糖的提取工艺　称取干啤酒酵母 200 g,加入 3000 mL 蒸馏水,使其充分吸水,过 60 目筛除杂。置于 -20 ℃的冰箱中冷冻 2.0 h,取出后,置于 100 ℃沸水中骤然升温,使其充分融化,重复 3 次。超声破壁(超声功率 360 W,温度 80 ℃,时间 40 min),冷却至室温,3500 r/min 离心 10 min,收取上清液,将残渣再破壁离心,合并上清液。将上清液减压浓缩至 100 mL,加入 3 倍体积的 95% 乙醇,4 ℃静置过夜。4000 r/min 离心 10 min,收集沉淀,重溶于去离子水中,加入 1/5 体积的 Sevage 试剂(三氯甲烷∶正丁醇 = 4∶1,V/V),剧烈振摇 20 min,4000 r/min 离心 10 min。取上层多糖溶液重复上述操作 4～5 次。将去除蛋白后的溶液透析、浓缩、冻干,即为胞外多糖粗品。

(2)多糖含量测定　具体方法参考本单元实训一。

五、实训结果与报告

1. 啤酒酵母的体外基因组改组初筛和复筛结果及分析。
2. 基因组改组啤酒酵母发酵液中多糖含量测定结果及分析。

六、实训作业

1. 本实训中,将紫外诱变和 NTG 诱变啤酒酵母进行基因组改组,这与诱变育种有什么不同?

2. 本实训中,改组后啤酒酵母与原啤酒酵母发酵生产出来的多糖,其活性会有变化吗?试结合实际情况阐述之。

参考文献

[1] 陈红霞,李翠华.食品微生物学及实验技术[M].北京:化学工业出版社,2008.

[2] 陈坚,堵国成,刘龙.发酵工程实验技术[M].北京:化学工业出版社,2013.

[3] 吴根福.发酵工程实验指导[M].北京:高等教育出版社,2013.

[4] 李文濂.L－谷氨酰胺和L－精氨酸发酵生产[M].北京:化学工业出版社,2009.

[5] 霍贵成.乳酸菌的研究与应用[M].北京:中国轻工出版社,2007.

[6] 袁红莉,王贺祥.农业微生物学及实验教程[M].北京:中国农业大学出版社,2009.

[7] 韩北忠.发酵工程[M].北京:中国轻工业出版社,2013.

[8] 程殿林,曲辉.啤酒生产技术[M].北京:化学工业出版社,2010.

[9] 张惟杰.糖复合物生化研究技术[M].杭州:浙江大学出版社,2009.

[10] [德]比斯瓦根著,刘晓晴译.酶学实验手册[M].北京:化学工业出版社,2009.

第三单元 培养基配制、灭菌及设计训练

实训一 微生物培养基的配制

一、实训目的

1. 了解培养基的概念、种类和用途，明确培养基配制原理。
2. 通过对基础培养基的配制，掌握配制培养基的一般方法和步骤。

二、实训原理

培养基(culture medium)是指人工配制的、适合微生物生长繁殖或积累代谢产物的营养基质。它是进行微生物教学、科研和发酵生产的基础。由于自然界中微生物种类繁多，营养类型多样，加之实验和研究目的不同，所以培养基的种类很多，在组成成分上也各有差异。但是，不同种类的培养基一般都应含有微生物生长所必需的碳源（提供微生物繁殖所需碳元素的营养物质，如糖、蛋白质和核酸合成）、氮源（提供微生物繁殖所需氮元素的营养物质，如蛋白质和核酸合成）、能源（提供生命活动最初的能量来源）、无机盐（提供繁殖所需的各种重要元素）、生长因子（微生物生长必需、但不能自行合成的有机物）和水（重要介质）等六大类营养要素，且各成分比例应合适，在配制时也应注意各营养成分之间的协调。

实验中常用的固体培养基的凝固剂主要是琼脂，其次是明胶和硅胶，迄今为止，最适合的凝固剂是琼脂。琼脂是从海藻中提取出来的一种多糖类物质，绝大多数微生物不能分解利用它，所以琼脂本身不能作为微生物的养分，只能起凝固作用。通常琼脂用量为1.5%～2.0%。琼脂只是固体培养基的支持物，一般不为微生物所利用，它在96 ℃以上融化为液体，而在45 ℃开始凝固成固体。琼脂经多次反复融化后，其凝固性会降低。在配制培养基时，根据各类微生物的特点，可以配制出不同微生物生长所需的培养基。

为了满足微生物生长繁殖或积累代谢产物的要求，除了必备的营养物质外，还必须使培养基有合适的pH、渗透压、缓冲能力和氧化还原电位。例如，霉菌和酵母菌培养基的pH偏酸性；细菌、放线菌培养基的pH偏碱性。

三、实训材料和设备

1. 试剂与材料

牛肉膏蛋白胨培养基、马铃薯葡萄糖培养基、麦芽汁培养基、高氏1号培养基等配方中所需试剂,1 mol/L NaOH 溶液,1 mol/L HCl 溶液。

2. 设备与仪器

天平、药匙、称量纸、三角烧瓶、试管、烧杯、量筒、玻璃棒、pH试纸、培养皿、棉花、纱布等。

四、实训步骤

培养基的制备过程基本相同,可概括为:原料称量→溶解→调节 pH→过滤和澄清→分装→加棉塞→包扎→灭菌→斜面或平板制备→无菌检查。

1. 原料称量

根据培养基配方,计算出试验中各原料所需的量,分别进行称取。大量的原料可用台秤称量,小量的原料可用 0.1 g 精度的天平称量。有的原料需要量很小,不便称量(如某些培养基中使用的微量元素),可以先配成高浓度的母液,然后按比例换算,再吸取一定量的溶液,加入培养基中。如果用马铃薯(去皮)、豆芽等配制培养基,须将其按配方的浓度加热煮沸 0.5 h,用纱布过滤,然后加入其他成分,继续加热溶化,补足水量。

2. 溶解

一般情况下,几种原料可一起倒入烧杯中,然后加入少于所需总体积的水,直接加热溶解。如果有些原料放在一起会产生结块、沉淀现象,如磷酸盐和钙盐、镁盐等存在时,应该按配方依次溶解,然后再混合。如果进一步做到分开灭菌后再混合,效果将会更加理想。

配制固体培养基时,预先将琼脂称好洗净,切成小块,加入煮沸的液体培养基中,不断搅拌,避免琼脂粘在烧杯底部而使烧杯破裂。待琼脂完全熔化后,可用热水补足水分到需要的总体积。

3. 调节 pH

培养基配好后,一般要调节 pH。用滴管加入 1 mol/L NaOH 溶液或者 1 mol/L HCl 溶液进行调节,边搅拌,边用精密 pH 试纸测其 pH,直到符合要求为止。此法简单易行,但比较粗略。较为精确的 pH 调节方法是用酸度计进行测定。

4. 过滤和澄清

培养基中的成分不完全是可溶解的物质,有时配置后往往会出现浑浊或不透明。一般情况下,可以省去过滤和澄清的步骤。但为了观察微生物的培养特征和生长情况,必须使用透明的培养基,因此,培养基必须进行过滤和澄清。如果是液体培养基,可用滤纸过滤;如果是固体培养基,应趁热用多层纱布过滤(将四层纱布铺在漏斗上)。

5. 分装

待培养基配制好后,应根据实验要求进行分装。分装量视不同的容器而异。装入三角烧瓶的量以不超过三角烧瓶容积的一半为宜。装入试管的量视具体情况而定:液体培养基分装高度以试管高度的 1/4 为宜;固体培养基分装高度一般为试管高度的 1/5,灭菌后制成斜面;半固体培养基分装高度一般为试管高度的 1/3,灭菌后垂直放置后凝固。

培养基是各种营养物质的混合液,具有黏性,在分装时,容易粘到试管口或瓶口,导致杂菌滋生,从而污染管内或瓶内的培养基。因此,在分装培养基时,要特别注意,应按图 3-1 所示进行分装。

将漏斗架在漏斗架上,漏斗下方连接一段软橡皮管,橡皮管下方连接一小段玻璃管,在橡皮管上夹一个止水弹簧夹。分装时,将玻璃管嘴插入试管内,捏开弹簧夹,注入定量培养基,然后关闭弹簧夹,再抽出玻璃管,避免碰壁。

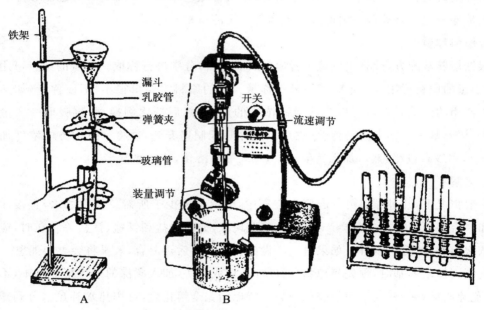

图 3-1 培养基分装装置及分装操作方法

6. 加棉塞

培养基分装好以后,按照管口或瓶口大小加上一只大小适度的棉塞,如图 3-2 所示。棉塞的作用主要是阻止外界微生物进入培养基,防止由此而引起的污染;另外,还可以保证有良好的通气性能,使培养在里面的微生物能够从外界源源不断地获得新鲜无菌空气。因此,棉塞质量的好坏对实验结果有很大的影响。加塞时,棉塞总长度的 3/5 应在口内,2/5 在口外。棉塞的制作过程如图 3-3 所示。

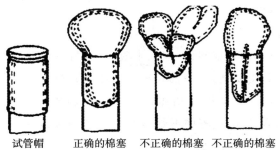

试管帽　正确的棉塞　不正确的棉塞　不正确的棉塞

图 3-2　试管帽和棉塞

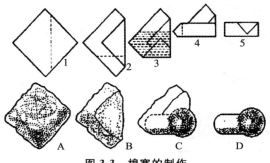

图 3-3　棉塞的制作

在微生物实验中常常用到通气塞,常用的通气塞是用几层纱布(6~8层)做成的通气性能更加良好的塞子。通气塞加在装有液体培养基的三角烧瓶口上,放在摇床上进行振荡培养,可获得更多的溶解氧来促进菌体生长或进行微生物发酵。通气塞的形状如图3-4所示。

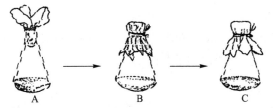

A 配制时纱布塞法；B 灭菌时包牛皮纸；C 培养时纱布翻出

图 3-4　通气塞

7. 包扎

加好棉塞以后,每10支试管扎成一捆,在棉塞的外面包上一层牛皮纸,主要用于防止灭菌后的冷凝水沾湿棉塞,并可防止接种前培养基水分散失。然后用棉绳扎好,贴上标签,注明培养基的名称和配制日期。三角烧瓶口的外面也要挂上标签,包上牛皮纸,然后用棉绳以活结形式扎牢(有条件的实验室,可用市售的铝箔代替牛皮纸,省去用绳扎,而且效果好)。

8. 灭菌

一般情况下,培养基配制好以后,应立即灭菌。如不及时灭菌,应放入4℃冰箱内保存。有关灭菌的原理和方法详见本单元实训二。灭菌时要注意,根据不同的培养基选择不同的灭菌方法,尽量达到最佳的灭菌效果。

9. 斜面或平板制备

灭菌后,固体培养基如需制成斜面,应在未凝固前,将试管有塞的一头搁在一根长的玻璃或木条上。所形成的斜度要适当,斜面长度一般以不超过试管总长度的 1/2 为宜。斜面的放置如图 3-5 所示。若斜面太短,则培养面积太小;若斜面过长,则又易干燥。摆放时,注意不要使培养基沾污棉塞,冷凝过程中不要移动试管,待全凝固后,再进行收放。

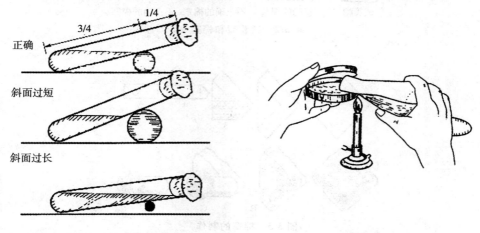

图 3-5　斜面的放置　　　　图 3-6　平板的制作

将装入三角烧瓶或试管中已灭菌的琼脂培养基融化后,待冷至 50 ℃ 左右倾入无菌的培养皿中。温度过高时,皿盖上的冷凝水过多;温度低于 50 ℃ 时,培养基易凝固而无法制作平板。应在火焰旁制作平板,左手拿培养皿,右手拿三角烧瓶的底部或试管。左手同时用小指和手掌将棉塞打开,灼烧瓶口,用左手大拇指将培养皿皿盖打开一条缝,打开至瓶口正好伸入。倾入 10~12 mL 的培养基,迅速盖好,置于桌上,轻轻旋转平皿,使培养基均匀分布于整个平皿中,冷凝后即成平板。如图 3-6 所示。

10. 无菌检查

灭菌后的培养基一般需进行无菌检查。从中取出 1~2 管(瓶),放培养箱(37 ℃)培养 2~3 d,检查灭菌效果,然后再用。

五、实训作业

1. 灭菌时,塞试管的棉塞是否可以用橡皮塞代替?为什么?
2. 培养基配制完成后,为什么要立即进行灭菌?

实训二 高压灭菌锅的使用训练

一、实训目的

1. 了解高压蒸汽灭菌的基本原理及应用范围。
2. 学习高压蒸汽灭菌的操作方法。

二、实训原理

高压蒸汽灭菌是将待灭菌的物品放在一个密闭的加压灭菌锅内,通过加热,使灭菌锅隔套间的水沸腾而产生蒸汽。待水蒸气急剧地将锅内的冷空气从排气阀内驱尽后,关闭排气阀,继续加热,此时由于蒸汽不能溢出,从而增加了灭菌锅内的压力,使沸点增高,温度高于100 ℃,导致菌体蛋白凝固变性,从而达到灭菌的目的。

在同一温度下,湿热的杀菌效力比干热强,其原因有以下几方面。

(1)湿热中细菌菌体吸收水分,蛋白质较易凝固。实验表明,蛋白质的含水量增加,所需凝固温度降低(表 3-1)。

表 3-1 蛋白质含水量与凝固所需温度的关系

卵白蛋白中水的质量分数/%	30 min 内凝固所需的温度/℃
50	56
25	74～80
18	80～90
6	145
0	160～170

(2)湿热的穿透力比干热大(表 3-2)。

表 3-2 干热、湿热穿透力及灭菌效果比较

温度/℃	时间/h	透过布层的温度/℃			灭菌
		20 层	10 层	100 层	
干热 130～140	4	86	72	70.5	不完全
湿热 105.3	3	101	101	101	完全

(3)湿热蒸汽有潜热存在。当灭菌物品的温度比蒸汽温度低时,蒸汽在物品表面凝结成水,并放出潜热,这种潜热能迅速提高灭菌物品的温度,直至与蒸汽的温度相等,达到平衡为止。

在使用高压蒸汽灭菌锅灭菌时,关键是彻底排除冷空气。因为空气是热的不良导体,空气的膨胀压大于水蒸气的膨胀压,所以当水蒸气中含有空气时,在同一压力下,含空气蒸汽的温

度低于饱和蒸汽的温度,空气蒸汽便聚集在灭菌锅的中下部,围绕在被灭菌物品的周围,使饱和蒸汽难与灭菌物品接触。灭菌锅内留有不同体积的空气时,压力与温度的关系见表3-3。

表3-3 空气排出的程度与温度的关系

压力数/MPa	不同量空气排出时灭菌锅内温度/℃				
	完全排出	排出2/3	排出1/2	排出1/3	完全不排出
0.035	108.8	100	94	90	72
0.070	115.6	109	105	100	90
0.105	121.3	115	112	109	100
0.145	126.2	121	118	115	109
0.175	130.0	126	124	121	115
0.210	134.6	130	128	126	121

排出灭菌锅内空气的方法有2种:一种方法是开始加热时关闭排气阀,当压力上升到0.02~0.03 MPa时,打开排气阀,使锅内的空气和水蒸气排出,直至压力表的压力恢复到零。如此重复几次,便可排净锅内的空气。另一种方法是开始加热时,打开排气阀,使水沸腾,以排除锅内的冷空气,待排气阀有大量蒸汽冒出时,再继续排气10 min,这时锅内冷空气已排尽,再关闭排气阀。

一般培养基用121 ℃灭菌15～30 min即可达到彻底灭菌目的。灭菌的温度及时间随被灭菌物品的性质和容量等具体情况而有所改变。例如,含糖培养基用112.6 ℃灭菌15 min,然后以无菌操作加入灭菌的糖溶液。

常用的高压蒸汽灭菌锅有立式、卧式和手提式等种类,其构造如图3-7所示。本实训主要介绍手提式高压蒸汽灭菌锅的使用方法。

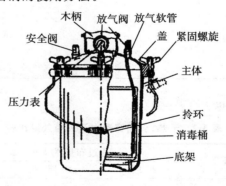

图3-7 高压蒸汽灭菌锅构造

三、实训材料和设备

手提式高压蒸汽灭菌锅或立式高压灭菌锅,待灭菌的培养基或玻璃器皿。

四、实训步骤

1. 加水

首先将内层灭菌桶取出,然后向外层锅内加入适量的水,使水面与三角搁架相平。一般来说,每次灭菌前都应该加水。加水量不能太少,否则会引起烧干或者爆裂。注意:加水时最好加去离子水或蒸馏水,这样产生的水垢会少些,而且锅体不容易被腐蚀。

2. 装料

放回灭菌桶,装入待灭菌物品。将准备灭菌的培养基及空玻璃器皿用牛皮纸包好,装入锅内套层中。物品放置不宜过多、过挤,锅内应留出三分之一的空间,以免阻碍蒸汽流通而影响灭菌效果。三角烧瓶与试管口端均不要与桶壁接触,以免冷凝水淋湿包口的纸而透入棉塞。

3. 加盖密封

装好料后加盖,并将盖上的排气软管插入内层灭菌桶的排气槽内。然后盖严锅盖,采用对角式均匀拧紧锅盖上的螺栓,使螺栓松紧一致,勿使其漏气。

4. 排气升压

接通电源进行加热,同时打开排气阀,使水沸腾,以排除锅内的冷空气。待冷空气完全排尽后(约 10 min),关上排气阀,让锅内的温度随蒸汽压力增加而逐渐上升。当锅内压力升到所需压力时,控制电源,维持压力至所需时间。

5. 降压

待灭菌时间到后,切断电源,让灭菌锅内温度自然下降。

6. 取料

当压力表的压力降至零时,打开排气阀,旋松螺栓,打开盖子,10 min 后取出灭菌物品。如果压力未降到零时就打开排气阀,会因锅内压力突然下降,使容器内的液体由于内外压力不平衡而冲出三角烧瓶口或试管口,造成棉塞沾染培养基而发生污染。

7. 倒水

灭菌锅使用过后,将锅内剩余的水倒掉,以免日久腐蚀。

注意事项:

①灭菌物品不能堆得太满、太紧,以免影响温度均匀上升。

②降温时,待温度自然降至60℃以下时再打开盖子,取出物品,以免因温度过高而骤然降温,导致玻璃器皿炸裂。

五、实训作业

1.高压蒸汽灭菌前,为什么要将锅内冷空气排尽?灭菌完毕后,为什么要待压力降到零时才能打开排气阀、开盖取物?

2.高压蒸汽灭菌和干热灭菌的温度要求有什么不同?

实训三　利用正交试验设计优化培养基

一、实训目的

1. 掌握正交试验选择微生物最适发酵条件和培养基的基本方法。
2. 掌握微生物摇瓶发酵实验的基本操作技术。
3. 掌握用正交表安排试验及对试验结果进行分析的方法。

二、实训原理

对于一个生物作用过程,其结果或产物的获得受到多种因素的影响,如发酵中菌种接入量、酶的浓度、底物浓度、培养温度、pH、菌种生长环境中的氧气浓度、二氧化碳浓度、各种营养成分种类及其比例等。对于这种多因素的实验,合理地设计实验、提高效率,以达到预期的目的,是需要进行认真考虑和周密准备的。

正交试验法是安排多因素、多水平的一种试验方法,即借助正交表的表格来计划、安排试验,并正确地分析结果,找到试验的最佳条件,分清因素和水平的主次,就能通过比较少的试验次数达到较好的试验效果。

现以灰黄霉素产生菌 D—756 为例,研究不同氯化物浓度及大米粉配比对灰黄霉素产生菌 D—756 变种发酵特性的影响。试验共 3 个因素,每个因素取 3 个水平。

1. 确定试验的培养基组成成分(因素)和每种组成成分的含量(水平)影响试验

指标的因素很多,不可能逐一或全面地加以研究,因此,要根据已有的专业知识及有关文献资料和实际情况,将一些因素固定于最佳水平,排除一些次要的因素,挑选一些主要因素。

正交试验设计法正是安排多因素试验的有利工具。当因素较多时,除非事先根据专业知识或经验等肯定某因素的作用很小而不选取外,对于凡是可能起作用或情况不明或看法不一的因素,都应当选入进行考察。

因素的水平分为定性与定量 2 种,水平的确定包含 2 种含义,即水平个数的确定和各个水平数量的确定。对于定性因素,要根据试验的具体内容,赋予该因素每个水平以具体含义。定量因素的量大多是连续变化的,这就要求试验者根据相关知识、经验或文献资料确定该因素的数量变化范围,再根据试验的目的及性质,结合正交表的选用来确定因素的水平数和各水平的取值。每个因素的水平数可以相等,也可以不等,重要因素或特别希望详细了解的因素,其水平可多一些,其他因素的水平可少一些。如果没有特别重要的因素需要详细考察的话,要尽可能使因素的水平数相等,以便减小试验数据处理量。

表 3-4　试验因素和水平

水平 \ 因素	KCl(%)	NaCl(%)	大米粉(%)
1	0.5	0.4	9
2	0.7	0.6	11
3	0.9	0.8	13

2. 制定因素水平表

根据上面所选取的因素及因素水平的取值,制定一张试验所要考察研究的因素及各因素水平的水平综合表。制表过程中,对于每个因素用哪个水平号码、对应于哪个量,可以随机地确定。一般来说,最好是先打乱次序再安排,但一经选定之后,试验过程中就不能再变。

3. 选用合适的正交表

根据参与试验的因素水平数和客观条件选用适当的正交表,若每个因素都取 2 个水平,应选用二水平正交表,如 $L_4(2^3)$;如都取 3 个水平,应选用三水平正交表,如 $L_9(3^4)$;若因素间水平不等,可选用混合水平型正交表,如 $L_{18}(2\times3^7)$ 等。

4. 列出试验方案

把各列按照表头设计排上培养基组成成分,各列对应的水平数字换上各组成分所对应的实际水平,每一行就构成一个处理(一个培养基配方的主要成分),各个培养基配方便组成整个试验方案。

表 3-5　正交试验设计表

试验号 \ 因子	A KCl	B NaCl	C 大米粉	4
1	1(0.5)	1(0.4)	1(9)	1
2	1(0.5)	2(0.6)	2(11)	2
3	1(0.5)	3(0.8)	3(13)	3
4	2(0.7)	1(0.4)	2(11)	3
5	2(0.7)	2(0.6)	3(13)	1
6	2(0.7)	3(0.8)	1(9)	2
7	3(0.9)	1(0.4)	3(13)	2
8	3(0.9)	2(0.6)	1(9)	3
9	3(0.9)	3(0.8)	2(11)	1

5. 实施试验方案

根据所定试验方案,按照规定的试验内容,以常规操作制备培养基。一般一种培养基要重复2~4瓶。各种培养基应采用同一细胞浓度的菌悬液接种,以相同转速摇瓶培养3d后,测定产物活性,最后按照正交表进行结果的统计分析。在整个方案实施过程中要精心操作,试验条件尽量保持一致,以便取得符合实际的试验结果。

6. 正交试验结果分析

正交试验结果的直观分析与方差分析相比,具有计算量小、计算简单、分析速度快、结果一目了然等特点,但分析结果的精确性与严密性相对于方差分析来说稍差。直观分析步骤如下。

表3-6 正交试验结果

行号 \ 因素	A KCl	B NaCl	C 大米粉	D 空列	效价 y_i		平均
1	1	1	1	1	13258	13490	13374
2	1	2	2	2	13672	14100	13886
3	1	3	3	3	14893	14923	14908
4	2	1	2	3	13765	13920	13843
5	2	2	3	1	14798	14671	14735
6	2	3	1	2	14926	15000	14963
7	3	1	3	2	14111	14412	14262
8	3	2	1	3	13986	14025	14006
9	3	3	2	1	15270	15089	15180
K_1	42168	41478	42343	43288			
K_2	43540	42626	42908	43111			
K_3	43447	45051	43904	42756	$A_2B_3C_3$		
k_1	14056	13826	14114	14429	$R_B > R_C > R_A$		
k_2	14513	14209	14303	14370			
k_3	14482	15017	14635	14252			
R	457	1191	521	177			

(1) 计算 K 值 其中,以 A 因子为例:

$K_1 = y_1 + y_2 + y_3 = 42168$ A 因子 1 水平的 3 个试验结果之和;

$K_2 = y_4 + y_5 + y_6 = 43540$ A 因子 2 水平的 3 个试验结果之和;

$K_3 = y_7 + y_8 + y_9 = 43447$ A 因子 3 水平的 3 个试验结果之和;

$k_1 = K_1/3 = 14056$

$k_2 = K_2/3 = 14513$

$k_3 = K_3/3 = 14482$

$R = k_{max} - k_{min} = k_2 - k_1 = 14513 - 14056 = 457$,称为"极差"。对于 B、C 因子,依次类推。

(2) 作用因素与试验结果的关系图 以因素的不同水平作横坐标,以 k 值作纵坐标,用每个因素的不同水平与所对应的 k 值作曲线图。

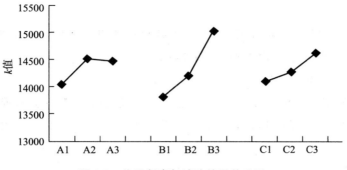

图 3-8 作用因素与试验结果关系图

(3)判断各因素的主次关系及其显著性　根据极差 R 的大小,可判断各因素对试验结果影响的大小。判断的原则是:R 越大,所对应的因子越重要。根据表 3-6 和图 3-8 可知,第二列的极差最大,为 1191,所以 B 因素(NaCl)对试验结果的影响最大。影响度依次为 B(NaCl)>C(大米粉)>A(KCl)。

对于空列来说,三个因素的极差本应为零。但是在实际试验中,总是有误差的,极差不会正好为零。它的大小正好反映了误差的大小。本例中三个因素的极差都比空列的极差大得多,说明这三个因素的影响都是显著的。

(4)确定优水平组合　根据 k_1、k_2、k_3 值的大小来确定 A、B、C 各因子应取决于哪个水平。确定的原则根据对指标值的要求而定:如果要求指标值越大越好,则取最大的 k 所对应的那个水平;如果要求指标值越小越好,则取最小的 k 所对应的那个水平。本例中根据图表可知,要求 NaCl 和大米粉浓度越大越好,KCl 浓度取 0.7% 时最好;因而,选择 $A_2B_3C_3$,即得到一个最好条件:KCl 0.7%,NaCl 0.8%,大米粉 13%。这个组合在原试验方案中是没有做过的。由此可见,利用正交设计时,其最优处理组合即使没有做过,也能计算出来,作为参考。

三、实训材料

(1)菌种　大肠杆菌(*Escherichia coli*)。
(2)发酵基础培养基　详见实训步骤。

四、实训步骤

以葡萄糖作为碳源,蛋白胨、酵母膏作为氮源,KH_2PO_4 为磷源,运用正交法测定营养物对大肠杆菌生长的影响,并求得各营养物在什么样的配比时菌体的生物量最大。

1. 单因素发酵条件试验

(1)不同碳源对发酵的影响　基础培养基:$(NH_4)_2SO_4$ 0.3%,KH_2PO_4 0.2%,$MgSO_4$ 0.05%,分别加入不同碳源(4%)。

(2) 不同氮源对发酵的影响 基础培养基：碳源 4%，KH_2PO_4 0.2%，$MgSO_4$ 0.05%，分别加入不同氮源，pH 7.2。

(3) 不同浓度 KH_2PO_4 对发酵的影响 基础培养基：碳源 4%，氮源 0.3%，$MgSO_4$ 0.02%，pH 7.2，分别加入不同浓度的 KH_2PO_4。

2. 最佳发酵培养基的确定

将以上因素的试验结果综合起来，还不能认为是最佳条件，特别是在碳源、氮源、无机盐的用量上，必须通过正交试验和验证实验才能确定最佳配方。本实训采用三因素三水平的正交设计。

(1) 确定试验的培养基组分（因素）和每种组分的含量（水平）。

(2) 进行因素水平设计，见表 3-7。

(3) 配制培养基。按照试验设计方案，分别配制不同培养基，选用 250 mL 三角烧瓶（只装 50 mL），121 ℃灭菌 20 min。

(4) 接菌、摇瓶培养。将活化的菌种接到新鲜 LB 培养基，过夜培养，再按照 1% 接种量转移到不同的培养基，在 37 ℃下以 180 r/min 的转速振荡培养 24 h。

(5) 菌体量测定 利用离心机收集菌体，用无菌水悬浮菌体，并适当稀释，用分光光度计（660 nm）测定浊度。

(6) 数据采集和分析 将测定数据填入分析表的结果栏里，按表中数据计算出各因素的一水平试验结果总和、二水平试验结果水平、三水平试验结果总和，再取平均值，最后计算极差。根据极差来判定哪个因素对酶活力有影响，找出何种条件下生物量最高，结果见表 3-8。

(7) 以 k 值为纵坐标，因素水平为横坐标，做出各因素与试验结果的关系图。

表 3-7 因素水平表

水平 \ 因素	A 碳源(%)	B 氮源(%)	C KH_2PO_4
1			
2			
3			

表 3-8 试验结果分析表（直观分析法）

试验号 \ 因素	A	B	C	D	生物量（菌体干重/100 mL）
1	1	1	1	1	
2	1	2	2	2	
3	1	3	3	3	
4	2	1	2	3	

续表

因素 试验号	A	B	C	D	生物量（菌体干重/100 mL）
5	2	2	3	1	
6	2	3	1	2	
7	3	1	3	2	
8	3	2	1	3	
9	3	3	2	1	
K_1					
K_2					
K_3					
k_1					
k_2					
k_3					
极差 R					
最佳水平					

五、实训作业

对正交试验数据进行分析并得出科学结论。

参考文献

[1] 周德庆.微生物学实验教程[M].北京:高等教育出版社,2013.

[2] 赵斌等.微生物学实验(第二版)[M].北京:科学出版社,2014.

[3] 朱旭芬.现代微生物学实验技术[M].杭州:浙江大学出版社,2011.

[4] 姜长阳.培养基琼脂用量计算的商榷[J].植物生理学报,1992,(2):155-155.

[5] 杨儒钦.手提式高压灭菌锅的安全使用[J].食用菌,2015,(1):34-34.

[6] 徐俊延.高压蒸汽灭菌锅使用中几个应注意的问题[J].食用菌,2011,33(3):65-65.

[7] 王芳,李滨,郭恒俊,等.高压蒸汽灭菌锅的使用[J].实验室科学,2008,(6):154-156.

[8] 唐欣昀,张明,赵海泉,等.高压蒸汽灭菌器中温度与压力的关系[J].微生物学报,2003,30(3):14-17.

[9] 梁树森,王华生,孙雪莹.高压蒸汽灭菌失败原因分析[J].中华医院感染学杂志,2007,17(11):1394-1395.

[10] 党小利,王录军.高压蒸汽灭菌过程中应该注意的问题[J].卫生职业教育,2006,24(18):114-115.

[11] 徐仲安,王天保,李常英,等.正交试验设计法简介[J].科技情报开发与经济,2002,12(5):148-150.

[12] 刘瑞江,张业旺,闻崇炜,等.正交试验设计和分析方法研究[J].实验技术与管理,2010,27(9):52-55.

[13] 滕海英,祝国强,黄平,等.正交试验设计实例分析[J].药学服务与研究,2008,8(1):75-76.

第四单元 菌种扩大培养技术

实训一 接种和移种训练

一、实训目的

1. 明确无菌操作在接种、移种操作中的重要性。
2. 能采用不同接种工具独立进行接种、移种操作。

二、实训原理

接种技术是微生物学实验及研究中的一项最基本的操作技术。接种是将纯种微生物在无菌操作条件下移植到已灭菌并适宜该菌种生长繁殖所需的培养基中。为了获得微生物的纯种培养,要求接种过程必须严格执行无菌操作步骤。由于培养基种类及实验器皿等不同,故所用接种方法也不尽相同。斜面接种、液体接种、固体接种和穿刺接种等均以获得生长良好的纯种菌种为目的。因此,接种时必须在一个无杂菌污染的环境中进行严格的无菌操作。依据接种、移种方法的不同,采用的接种工具也有所区别,如固体斜面培养体转接时用接种环,穿刺接种时用接种针,液体转接时用移液管等。

三、实训材料和设备

1. 菌种

实验室保藏的菌种。

2. 培养基

基本培养基(依据菌种配制)。

3. 设备与仪器

超净工作台、高压蒸汽灭菌锅、接种环、接种针、玻璃刮铲、刻度吸管、培养皿、三角烧瓶、试管、酒精灯、不锈钢刀、剪刀、镊子、酒精棉球、记号笔等。

四、实训内容

1. 无菌室的准备

在菌种扩大培养实验中,一般小规模的接种、移种操作使用无菌接种箱或超净工作台;工作量大时,在无菌室内接种;要求严格的,在无菌室内操作,并结合使用超净工作台。

(1)无菌室的灭菌。

①熏蒸。熏蒸一般在要求无菌室全面彻底灭菌时使用。先将室内打扫干净,打开进气孔和排气窗,通风干燥后重新关闭,进行熏蒸灭菌。常用的灭菌药剂为福尔马林(37%~40%的甲醛水溶液)。按 6~10 mL/m³ 的标准计算用量,将药剂装入铁制容器中,利用电炉或酒精灯直接加热(应能随时在室外中止热源),或加半量高锰酸钾,通过氧化作用加热,使福尔马林蒸发。熏蒸后应保持密闭 12 h 以上。由于甲醛气体具有较强的刺激作用,所以在使用无菌室前 1~2 h,在一搪瓷盘内加入与所用甲醛溶液等量的氨水,放入无菌室,使其挥发中和甲醛,以减轻刺激作用。除甲醛外,也可用乳酸、硫黄等进行熏蒸灭菌。

②紫外灯照射。在每次工作前后,均应打开紫外灯,分别照射 30 min,进行灭菌。在无菌室内工作时,切记要关闭紫外灯。

③苯酚溶液喷雾。每次临操作前,用手持喷雾器喷 5%苯酚溶液,主要喷于台面和地面。苯酚溶液喷雾兼有灭菌和防止微尘飞扬的作用。

(2)无菌室空气污染情况的检验 为了检验无菌室灭菌的效果以及在操作过程中空气的污染程度,需要定期在无菌室内进行空气中杂菌的检验。一般可在两个时间段进行:一是在灭菌后使用前;二是在操作完毕后。

取牛肉膏蛋白胨琼脂和马铃薯蔗糖琼脂两种培养基的平板各 3 块,于无菌室使用前(或在使用后),在无菌室内揭开,放在台面上,半小时后重新盖好。另一份不打开,留作对照。一并放在 30 ℃下培养,48 h 后检验有无杂菌生长以及杂菌数量的多少。根据检验结果确定应采取的措施。

无菌室经灭菌后,在使用前应检验有无杂菌。如果长出的杂菌多为霉菌,表明室内湿度过大,应先通风干燥,再重新进行灭菌;如杂菌以细菌为主,可采用乳酸熏蒸,效果较好。

2. 接种、移种工具的准备

最常用的接种、移种工具为接种环。接种环是将一段铂金丝安装在防锈的金属杆上制成的。市售商品多以镍铬丝(或细电炉丝)作为铂金丝的代用品,也可以用粗塑胶铜芯电线加镍铬丝自制,简便适用。

接种环供挑取菌苔或接种液体培养物时使用。接种环的前端要求圆而闭合,否则液体不会在环内形成菌膜。根据不同用途,接种环的顶端可以改换为其他形式,如接种针等(图 4-1)。

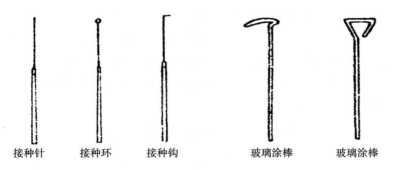

图 4-1 接种工具

玻璃涂棒是采用稀释平板涂抹法进行菌种分离或微生物计数时常用的工具。将定量的（一般为 0.1 mL）菌悬液置于平板表面，涂布均匀，这一操作过程需要用玻璃涂棒完成。用一段长约 30 cm、直径 5～6 mm 的玻璃棒，在喷灯火焰上把一端弯成"了"形或倒"△"形，并使柄与"△"端的平面呈 30°左右的角度。玻璃涂棒接触平板的一侧要求平直光滑，使之既能进行均匀涂布，又不会刮伤平板的琼脂表面。

移液管吸管的准备：无菌操作接种用的移液管多为 1 mL 或 10 mL 刻度吸管。吸管在使用前应进行包裹灭菌。

3. 操作训练

(1) 斜面接种、移种操作　斜面接种是指从已生长好的菌种斜面上挑取少量菌种移接到另一支新鲜斜面培养基上的一种接种方法。具体操作如下。

①贴标签。接种前在试管上贴上标签，注明菌名、接种日期、接种人姓名等。标签贴在距试管口 2～3 cm 的位置（若用记号笔标记，则不需标签）。

②点燃酒精灯。

③接种。用接种环将少许菌种移接到贴好标签的试管斜面上。操作时必须按无菌操作法进行。如图 4-2 所示。

a. 手持试管：将菌种和待接斜面的两支试管握在左手中，使中指位于两试管之间的部位。使斜面面向操作者，并使它们位于水平位置。

b. 旋松管塞：先用右手松动棉塞或塑料管盖，以便接种时拔出。

c. 取接种环：右手拿接种环（如握钢笔一样），在火焰上将环端灼烧灭菌，然后将有可能伸入试管的其余部分均灼烧灭菌，重复此操作，再灼烧一次。

d. 拔管塞：用右手的无名指、小指和手掌边先后取下菌种管和待接试管的管塞，然后让试管口缓缓过火灭菌（切勿烧得过烫）。

e. 接种环冷却：将灼烧过的接种环伸入菌种管，先使环接触没有长菌的培养基部分，使其冷却。

f. 取菌：待接种环冷却后，轻轻沾取少量菌体或孢子，然后将接种环移出菌种管。注意：不要使接种环碰到管壁，取出后不可使带菌接种环通过火焰。

g. 接种：在火焰旁迅速将沾有菌种的接种环伸入另一支待接斜面试管。从斜面培养基的底部向上部作"Z"形来回密集划线，切勿划破培养基。有时也可用接种针仅在斜面培养基的中央拉一条直线作斜面接种，直线接种可观察到不同菌种的生长特点。

h. 塞管塞：取出接种环，灼烧试管口，并在火焰旁将管塞旋上。塞棉塞时，不要用试管去迎棉塞，以免试管在移动时纳入不洁空气。

i. 将接种环灼烧灭菌，放下接种环，再将棉花塞旋紧。

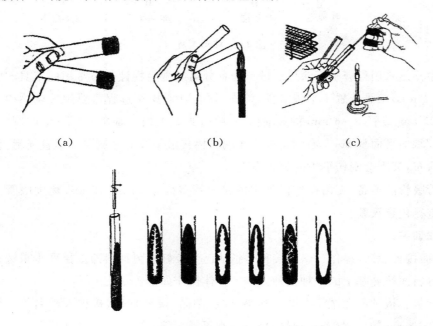

图 4-2　接种、移种操作示意图

(2) 液体接种操作。

①用斜面菌种接种液体培养基时，有下面 2 种情况：如接种量小，可用接种环取少量菌体移入培养基容器（试管或三角烧瓶等）中，将接种环在液体表面振荡或在器壁上轻轻摩擦，把菌苔散开，抽出接种环，塞好棉塞，再将液体摇动，菌体即均匀分布在液体中。如接种量大，可先在斜面菌种管中注入定量无菌水，用接种环把菌苔刮下研开，再把菌悬液倒入液体培养基中，倾倒前需将试管口在火焰上灭菌。

②用液体培养物接种液体培养基时，可根据具体情况采用以下不同方法：用无菌的吸管或移液管吸取菌液接种；直接把液体培养物移入液体培养基中接种；利用高压无菌空气通过特制的移液装置把液体培养物注入液体培养基中接种；利用压力差将液体培养物接入液体培养基中接种（如向发酵罐中接入种子液）。

(3) 固体接种操作　固体接种最普遍的形式是接种固体曲料。根据所用菌种或种子菌来源的不同，可分为以下 2 种。

①用菌液接种固体料。菌液包括用菌苔刮洗制成的菌悬液和直接培养的种子发酵液。接种时可按无菌操作法将菌液直接倒入固体料中,搅拌均匀。注意:接种所用菌液量要计算在固体料总加水量之内,否则,往往在用液体种子菌接种后曲料含水量加大,会影响培养效果。

②用固体种子接种固体料。固体种子包括用孢子粉、菌丝孢子混合制成的种子菌或其他固体培养的种子菌。接种时直接把接种材料混入灭菌的固体料中。接种后必须充分搅拌,使之混合均匀。一般是先把种子菌和少部分固体料混匀后再拌大堆料。固体料接种时应注意"抢温接种",即在曲料灭菌后不要使料温降得过低(尤其在气温低的季节),一般在料温高于培养温度5~10 ℃时就抓紧接种(如培养温度为30 ℃,料温降至35~40 ℃时即可接种)。抢温接种可使培养菌在接种后及时得到适宜的温度条件,从而能迅速生长繁殖,长势好,不易滋生杂菌。此法适用于芽孢菌和产孢子的放线菌与霉菌的接种。另一种措施是"堆积起温",即在大量的固体曲料接种后,不要立即分装曲盘或上帘,应先堆积起来,上面加盖覆盖物,防止散热。使培养菌适应新的环境条件,逐渐生长旺盛,产生较大热量,使堆温升高后,再分装到一定容器中培养。这样可以避免一开始培养菌繁殖慢、料温上不去、拖延培养时间、水分蒸发大、杂菌易污染等问题。

(4)穿刺接种操作　穿刺接种技术是指用接种针从菌种斜面上挑取少量菌体,并把它穿刺到固体或半固体的深层培养基中的一种接种方法。穿刺接种常作为保藏菌种的一种方法,同时也是检查细菌运动能力的一种方法,它只适用于细菌和酵母的接种培养。具体操作如下。

①贴标签。

②点燃酒精灯。

③穿刺接种,方法如下。

a.手持试管。

b.旋松棉塞。

c.右手拿接种针在火焰上将针端灼烧灭菌,接着把在穿刺中可能伸入试管的其他部位也灼烧灭菌。

d.用右手的小指和手掌边拔出棉塞。先将接种针在培养基上冷却,再用接种针的针尖沾取少量菌种。

e.接种有2种手持操作法。一种是水平法,它类似于斜面接种法;另一种是垂直法,如图4-3所示。尽管穿刺时手持方法不同,但穿刺时所用接种针都必须挺直,将接种针自培养基中心垂直地刺入培养基中。穿刺时要做到手稳、动作轻巧快速,并且要将接种针穿刺到接近试管的底部,然后沿着接种线将针拔出。最后塞上棉塞,再将接种针上残留的菌体在火焰上烧掉。

④将接种过的试管直立于试管架上,放在37 ℃或28 ℃恒温箱中培养。24 h后观察结果。注意:若是具有运动能力的细菌,它能沿着接种线向外运动而弥散,故形成的穿刺线粗

而散，反之则细而密。

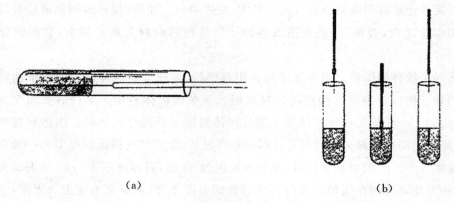

(a)　　　　　　　　　(b)

图 4-3　穿刺接种方法

(5)工业生产中的接种方法　工业生产中培养的菌种接入种子罐时，一般先制成菌悬液。常用的方法有火焰封口法、压差法等。

①火焰封口法。种子罐的接种口周围设有沟槽，接种时先在沟槽里注入少量酒精，然后用火焰点燃酒精，使接种口被火焰包围，接着将菌悬液倒入种子罐即可。

②压差法。先用棉球蘸消毒剂，然后覆盖在种子罐接种口的橡皮塞上，消毒 5～10 min。将连接在盛有菌悬液的容器上的接种针头迅速插入接种口的橡皮小孔中，然后平衡种子罐与盛菌悬液的容器之间的压力，接着降低种子罐的压力，菌悬液就会注入种子罐。接种完成后，用蘸有消毒剂的棉球拭净接种口的小孔。

五、实训作业

1. 微生物接种的操作方法有哪些？
2. 微生物接种的关键点是什么？

实训二　啤酒酵母的扩大培养

一、实训目的

1. 了解酵母的生长条件。
2. 掌握酵母的扩大培养方法。

二、实训原理

啤酒酵母的扩大培养是啤酒厂微生物工作的核心。从斜面种子到卡氏罐为实验室扩大阶段,汉生罐以后的培养为生产现场扩大培养阶段,目的是及时向生产过程中提供优良、强壮的酵母,以保证正常生产的进行和良好的啤酒质量。最能决定啤酒品质的是酵母,最能影响酿造工艺和控制的也是酵母。酵母的扩大培养过程应根据工厂的实际情况及麦汁生产的节奏合理安排。酵母扩大培养的关键在于:第一,选择优良的单细胞出发菌株;第二,在扩大培养中要保证酵母纯种、强壮、无污染,选用的扩大培养方法应达到无菌程度高、操作简单和灵活性强等要求。作为一般的啤酒工厂,其菌种已经确定,在扩大培养过程中,保证菌种本身的特性和不受污染成为扩大培养的关键。

三、实训步骤

1. 培养基的制备

在制备酵母培养基时,常采用营养丰富的米曲汁或麦芽汁,因为这两种培养基中含有较多的碳源、氮源、无机盐及维生素等,适合于酵母菌的生长繁殖。

2. 实验室阶段的酒母扩大培养

其流程为:原菌→斜面试管培养→液体试管培养→三角烧瓶培养→卡氏罐培养。实验室阶段的培养是酒母扩大培养的开始,因此,要特别注意无菌操作,防止杂菌污染。培养基要有足够的营养。

(1)原菌　生产中使用的原始菌种应当是经过纯种分离的优良菌种。在投产前,保藏时间较长的原菌应接入新鲜斜面试管中进行活化,以便使酵母菌处于旺盛的生活状态。

(2)斜面试管培养　将活化后的酵母菌在无菌条件下接入新鲜斜面试管,于28～30 ℃保温培养3～4 d,待斜面上长出白色菌苔,即培养成熟。然后放入4 ℃冰箱保存。斜面培养的时间不能过长,以防酵母衰老,固体菌种一般2个月传代1次。

(3)液体试管培养　在无菌条件下,用接种针从刚成熟的生长旺盛的斜面试管中挑取少量的酵母,装入10 mL米曲汁的液体试管中,摇匀。在(28±1)℃培养24 h后,可以向液体试管中加入磷酸溶液调节pH,目的是对酵母进行耐酸驯化。液体试管的酵母培养时间要适宜,从外观可鉴别培养情况:若试管液体较清,底部酵母沉淀少,且摇动试管后产生大量泡沫,说明培养效果较好;若管内液体混浊,沉淀多,且摇动试管后泡沫松散消失,说明培养过老,衰老的酵母不利于以后的酒精发酵。

生产上可将前一天小试管的液体转接入新鲜液体试管中,进行连续传代,再接入三角烧瓶。这样使酵母一直处于旺盛繁殖阶段,而且酵母生长形态均匀整齐,发酵力强。

(4)三角烧瓶培养　接种时,先用新洁尔灭或酒精棉球消毒瓶口,在接种箱内、酒精灯的火焰旁,迅速将试管中的酵母液全部接入小三角烧瓶中,摇匀后于(28±1)℃培养15～20 h。当液面上积聚大量白色CO_2泡沫时,即培养成熟。再按上述操作将小三角烧瓶酒母全部接入大三角烧瓶,培养15～20 h,即可成熟。

如果扩大培养阶段只用大三角烧瓶,则需多接几只液体试管,以加大接种量。

(5)卡氏罐培养　卡氏罐所用培养基一般采用酒母糖化醪,目的是使酵母菌在培养过程中逐渐适应大生产的培养条件。卡氏罐用的糖化醪应单独灭菌后备用,同时加入 H_2SO_4 溶液,调节 pH 至 4.0 左右,以抑制杂菌的生长。

卡氏罐培养的接种方法与三角烧瓶基本相同,只是接种时应在无菌室内进行,以防止杂菌的污染。接种后于 28~30 ℃保温培养 18~20 h。待表面冒出大量的 CO_2 泡沫时,即为培养成熟。

卡氏罐种子的质量标准:酵母细胞数为 0.8 亿~1.0 亿个/mL,出芽率为 20%~30%,染色率在 1% 以下,无杂菌,耗糖率为 35%~40%,耗糖率可按下式计算:

$$耗糖率 = \frac{醪液原始糖度 - 酒母成熟醪糖度}{醪液原始糖度} \times 100\%$$

3. 酒母(酵母)车间扩大培养

酵母菌经实验阶段扩大培养以后,即转入酒母车间扩大培养。酒母车间所用的培养基以大生产的原料为主,再适当添加一些营养物质。

其生产流程为:卡氏罐培养→小酒母罐培养→大酒母罐培养→将成熟酒母送至发酵车间。

酒母罐的结构如图 4-4 所示。酒母罐均为铁制圆筒形,其直径与高度之比接近 1∶1,底部为锥形或碟形,底部中央有排出管,罐盖是平的,有的封头也用锥形或碟形,罐体密封。罐上装有搅拌器,通过传动装置转动,或直接用电机经减速器带动,搅拌速度为 80~100 r/min。由于酒母培养罐的搅拌器利用率不高,因此,有条件的厂采用通风搅拌罐,以无菌空气代替机械搅拌。这样不仅简化设备、节省电机与传动装置,还可消除车间噪音。酒母罐内设有兼作冷却或加热用的蛇管,其冷却面积为醪液容积的 2 倍左右,大酒母罐体积是小酒母罐体积的 10 倍,酒母罐的数目可根据发酵产量来计算。

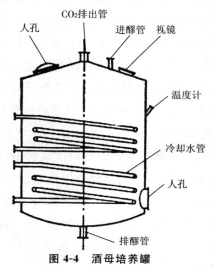

图 4-4 酒母培养罐

酒母扩大培养方法有间歇式培养法、半连续培养法和连续培养法。

(1)间歇式培养法 间歇式培养法分小酒母罐与大酒母罐 2 个阶段进行培养。这种培养方法是先将酒母罐清洗干净,并对罐体和所用管道进行灭菌后,向已制备好的酒母糖化醪或稀糖液中通入无菌空气,使卡氏罐酒母与酒母罐的醪液混合均匀,同时提供氧气,供酵母菌生长繁殖。将糖化醪泵入小酒母罐中,接入卡氏罐或大三角烧瓶菌种,在28～30 ℃进行培养。待醪液的糖量降低40%～45%,酒精体积分数为3%～4%,液面产生大量的CO_2泡沫及酵母细胞数达到0.8亿个/mL时,酒母即培养成熟,培养时间约为20 h。同样,也可将培养成熟的小酒母接入大酒母罐进一步扩大培养,然后对小酒母罐清洗灭菌,进行第二次接种培养。大酒母罐的酒母经18 h培养成熟后,全部接入发酵罐进行酒精发酵。对空出的大酒母罐进行清洗灭菌后,进行第二次培养。

这种方法对大、小酒母培养都是每培养一次,就重新接种一次,操作比较繁琐,效率低。但是由于酵母质量易于控制,故仍被工厂采用。

(2)半连续培养法 该法通常也称"循环培养法",在工厂获得广泛的应用。它是将卡氏罐或三角烧瓶菌种接入小酒母罐,培养成熟后,分割出2/3小酒母接入大酒母罐进行培养。小酒母罐中余下的酒母再补进酒母糖化醪或稀糖蜜,继续培养;酒母培养成熟后,重复上述方法再进行分割。而大酒母培养成熟后,则全部送去发酵车间作为酒精发酵的种子。

利用半连续法培养酒母,一般可以7～10 d换一次新种,如果工厂卫生状况较好,可以1～2个月换一次新种。这样不但省去了菌种培养的很多工作,而且也使酵母得到适应生产环境的驯养,有利于发酵。根据多年的实践经验,一般留种酵母的连续传代以20代为宜,不要超过30代,否则酵母易老,发酵力衰退,也会影响出酒率。半连续培养法培养出来的酵母,形态均匀饱满,发酵旺盛,质量稳定,此法可以大大提高酒母培养罐的利用率。

在投料量大、酒母罐容量相对较小的情况下,当投料速度很快,酒母成熟量太少,不能满足发酵接种量的需要时,可在发酵罐中加入酒母后,先加入3～4倍体积(对酒母醪而言)的糖化醪(醪温为27～29 ℃),使酒母在发酵罐中扩大培养2 h左右,再连续加进糖化醪或稀糖蜜,保持酵母生长处于对数生长期至满罐。这种方法可加快酒精发酵过程中的前发酵阶段。另外,当酒母质量不合格或由于其他原因导致酒母供给不及时时,可用正处在生长旺盛期的发酵醪作为酒母种,将其分割一部分转接入空发酵罐进行酒精发酵。

(3)连续培养法 采用连续培养酒母的方法,主要是为了保持酵母活力和数量的稳定。在酒母罐中连续添加糖液和营养盐,以保证酵母生长所需的营养。在连续培养过程中,要注意培养罐中酵母数的恒定,该数应等于同一时间从酒母罐中流出相同体积时的酵母数,不能出现流出的酵母数大于或小于酒母罐中酵母数的情况。如果这种平衡关系被破坏,连续培养酒母的方法就不能顺利进行。

连续培养法在糖蜜酒精生产中应用得较多。采用连续培养法培养酒母时,一般是将3个酒母罐用排出管串联起来,使酒母稀糖液连续地从罐的上部流入,而培养成熟的酒母也不断地排入发酵罐中。连续培养过程中应不断通入无菌空气,一般每小时对1 m^3的酒母醪通入2～3 m^3的无菌空气。酒母培养罐的总体积约为发酵罐体积的1/10。如果车间卫生状况良好,严格按无菌条件操作,可以在较长时间内进行连续培养。通常每经过5～7 d,把3个酒母罐中的一个空出，以便清洗杀菌。

流加稀糖液的体积分数应控制在12%~14%，温度为15~20℃，pH为6.0~7.0，酒母培养的最佳温度应为27~28℃，酒母成熟醪的酒精含量通常为3%~4%，酒母细胞数为0.8亿~1.0亿个/mL。

4. 成熟酒母质量检测

酒母质量的好坏直接影响酒精生产的产量。只有在培养出优良健壮的酒母的前提下，才有可能提高淀粉的出酒率。在实际生产中，好的酒母除了要求其细胞形态整齐、健壮、没有杂菌、芽孢多、降糖快外，还要通过下述指标来进行检查。

(1) 酵母细胞数 酵母细胞数是观察酵母繁殖能力的一项指标，也是反映酵母培养是否成熟的指标。成熟的酒母醪的酵母细胞数一般为1亿个/mL左右。

(2) 出芽率 酵母出芽率是衡量繁殖旺盛与否的一项指标。出芽率高，说明酵母处于旺盛的生长期；反之，则说明酵母衰老。成熟酒母的出芽率要求为15%~30%。如果出芽率低，说明培养过程存在问题，应根据具体情况及时采取措施进行挽救。

(3) 酵母死亡率 用亚甲蓝对酵母细胞进行染色，如果酵母细胞被染成蓝色，说明此细胞已死亡。正常培养的酒母不应有死亡现象，如果死亡率在1%以上，应及时查找原因，采取措施进行挽救。

(4) 耗糖率 酵母的耗糖率也是观察酒母成熟的指标之一。成熟酒母的耗糖率一般要求控制在40%~50%。耗糖率太高，说明酵母培养已经"老"，反之则"嫩"。

(5) 酒精含量 成熟酒母醪中的酒精含量既反映酵母耗糖情况，又反映酵母成熟程度。如果酒母醪中酒精含量高，说明营养消耗大，酵母培养过于成熟。此时，应停止酒母培养，否则会因营养缺乏或酒精含量高而抑制酵母生长，造成酵母衰老。成熟酒母醪中的酒精含量一般为3%~4%（体积）。

(6) 酸度 测定酒母醪中的酸度是观察酒母是否被细菌污染的一项指标。如果成熟酒母醪中酸度明显增高，说明酒母被产酸细菌污染。若酒母酸度增高太多，镜检时又发现有很多杆状细菌，则不宜做种子用。

根据生产实践归纳出成熟酒母的指标，见表4-1。

表4-1 成熟酒母的指标

检查项目	小酒母	大酒母
酵母细胞数(亿个/mL)	1	1
出芽率(%)	20~25	15~20
外观糖度下降率(%)	40	45~50
死亡率(%)	<1	<1
酸度	不增高	不增高

四、实训作业

1. 影响酒母质量的主要因素是什么？
2. 酵母菌的生长过程主要分为哪四个阶段？

实训三　厚层通风制曲培养技术

一、实训目的

1. 认识通风制曲设备的结构。
2. 掌握使用通风制曲设备进行固态制曲的技术。

二、实训原理

厚层通风制曲就是将接种后的曲料置于曲池内，厚度为25~30 cm，利用通风机供给空气，调节温湿度，促使微生物在较厚的曲料上生长繁殖和积累代谢产物，完成制曲过程。

三、实训设备

通风制曲装置如图4-5所示。

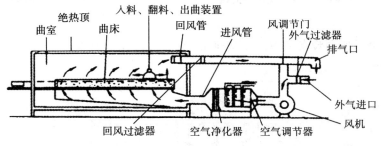

图4-5　通风制曲装置

1. 曲室

根据曲池大小设计曲室面积。曲室的结构有砖木结构、砖结构和钢筋水泥结构等3种。墙壁厚度应能满足保温要求。房顶为弧形平顶，平顶上铺隔热材料，以防滴水。内壁表面光洁，室内设下水道。

2. 保温保湿设备

室内应有保温设施、天窗及风扇，以利于降温。通过风机来供给氧气和控制温湿度。为了给微生物生长提供合适的条件,风机可与空调箱连接。

3. 曲池

曲池一般呈长方形,可用钢筋混凝土、砖砌、钢板、水泥板等制成。曲池一般长 8～10 m,宽 1.5～2.5 m,高约 0.5 m,曲池通风道底部倾斜,角度以 8°～10° 为宜。其倾斜的池底称"导风板",它的作用是改变气流的方向,使水平方向来的气流转向垂直方向流动。倾斜的导风板能减少风压损失,使气流分布均匀。假底为不锈钢冲孔而制成的多孔板,距池底以 0.3～0.4 m 为适宜。

厚层通风制曲一般选用中压风机,风量为曲池内所盛总原料的 4～5 倍。例如,若曲池内所盛总原料为 1500 kg,则需要风量为 6000～7500 m³/h。可选用 6 A 通风机,配用电动机功率为 4 kW,曲池面积为 14～15 m²。

4. 翻曲机

通风制曲过程中一般需翻曲 2 次,目前,主要使用的有垂直绞龙式翻曲机和滚耙式翻曲机,如图 4-6 和图 4-7 所示。

图 4-6 垂直绞龙式翻曲机

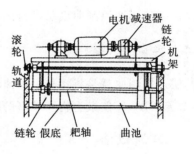

图 4-7 滚耙式翻曲机

5. 空气调节器

空气调节器是制曲设备的重要组成部分,它通过回风道对空气进行处理,达到调温、调湿和净化空气的目的,如图 4-8 所示。

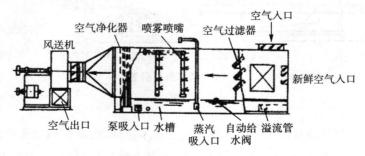

图 4-8 空气调节器

四、实训步骤

下面以饲用复合酶生产菌株黑曲霉（*Aspergillus niger*）为例，介绍厚层通风制曲工艺。

1. 培养基

培养基组成为大片麸皮 700 kg、玉米芯粉 200 kg、豆粕粉 100 kg、磷酸二氢钾 5 kg、水 1000 kg。采用旋转蒸煮锅灭菌。旋转蒸煮锅由罐体、传动装置、加热装置、加水装置、排汽降温装置、压力表、安全阀等组成，如图 4-9 所示。

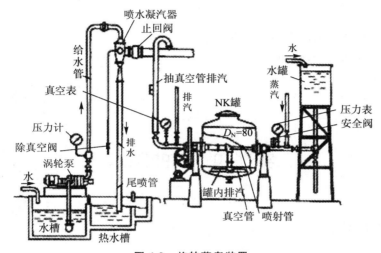

图 4-9 旋转蒸煮装置

2. 发酵过程与控制

（1）**接种入池** 培养基经高压蒸汽灭菌后冷却到 40 ℃ 左右出罐，用绞龙式翻曲机或扬散机打散培养基，接种黑曲霉浅盘菌种，接种量为 0.3%～0.5%。为了增加接种均匀性，种曲要先用少量麸皮拌匀，再掺入熟料中。冷却接种后的曲料即可入池培养。铺料入池时，应尽量保持料层松、匀、平，防止压实，否则通风不一致，湿度和温度也难一致，会影响制曲质量。

（2）**温度管理** 接种后，若料层温度过高或上下品温不一致，应及时开动鼓风机。调节温度至 30～32 ℃，促使黑曲霉孢子发芽。在曲料上、中、下层及面层各插温度计 1 支，静置培养 6～8 h，此时料层开始升温到 35～37 ℃，应立即开动风机通风降温。以后用开机、停机的方法来维持曲料温度在 35 ℃ 左右，通入的风可用循环风或部分掺入循环系统外的自由空气。曲料入池培养 16 h 以后，品温上升较快。菌丝密集繁殖可导致曲料结块，通风阻力加大，出现底层品温偏低、表层品温稍高、温差逐渐增大等现象，此时应及时翻曲。使曲料疏松，减少通风阻力，品温控制在 30～36 ℃。继续培养 4～6 h 后，由于菌丝繁殖旺盛，又形成结块，因此，应及时进行第二次翻曲，然后连续鼓风，使品温维持在 30～32 ℃。如果曲料出现裂纹收缩，并且再次产生裂缝，那么风会从裂缝中漏掉。可采用压曲或铲曲的方法使裂缝消除。

(3) 发酵终点 培养 24~30 h 后,在黑曲霉开始产生孢子且刚变黑之前结束培养。培养过嫩会导致酶活力不高,培养过老则会使孢子太多,影响产品外观及使用。

(4) 主要指标 外观略带黑色,无大量孢子形成,无毛霉、青霉等杂菌,具有正常的曲香,无酸臭、氨臭味,含水量约为 30%。木聚糖酶活力大于 20000 mg 木糖/(g 干曲·h),β-葡聚糖酶活力大于 10000 mg 葡萄糖/(g 干曲·h),果胶酶活力大于 1000 mg 半乳糖醛酸/(g 干曲·h),蛋白酶活力大于 2000 μg 酪氨酸/(g 干曲·h)。

五、实训作业

1. 影响厚层通风制曲的主要因素有哪些?
2. 如何判定制曲培养达到终点?

实训四 小曲制作

一、实训目的

1. 掌握小曲生产的基本原理和方法。
2. 掌握小曲制作的步骤。

二、实训原理

小曲内的微生物主要是根霉及酵母,根霉可糖化淀粉生糖,而酵母则变糖为酒。根霉虽然也有酒精发酵力,但能力过小,必须有酵母存在,才能正常发酵。因此,小曲质量优劣与否要看其中根霉及酵母的品种优劣及多少。不同小曲中的根霉品种不同,糖化力差异很大。同种根霉小曲因接种量和培养时间的不同,糖化力的大小也有差异。酵母的活性也与糖化力有类似的问题,即酵母的质与量的问题。

三、实训材料

大米、麦芽汁、豆芽汁、葡萄糖等。

四、实训步骤

1. 原料准备

大米(晚粳)1 kg。

2. 浸泡

浸泡大米约 15 h,沥干余水后分成 2 份,每份约 1 kg。

3. 搓碎

将浸泡好的大米整粒搓碎成半粒或 1/3 粒大小,不可太细,但要求尽量均匀。

4. 拌料

按大米∶米糠∶麸皮＝45∶50∶5 的比例,匀好此 3 种料,边加水边继续拌料,至润料完全又没有余水渗出。

5. 蒸料灭菌

用双层纱布裹好混拌好的胚料,纱布不宜裹太紧。向高压灭菌锅内加一定量水,以隔板架空,将胚料置于隔板上,于 121 ℃蒸料 30 min。

6. 摊凉

取出熟胚料,检查蒸料效果,以米粒熟透但不粘连为好,摊开至开水煮过的不锈钢大盆中,凉至室温。

7. 接种

菌种按 2‰～5‰接种量与料拌匀拌透,适当添加少许无菌水进行保湿。一组接纯种根霉和酵母菌,另一组接种老曲。拌料前,操作者应以 70%酒精棉球擦拭双手。

8. 成形

将胚料搓成直径为 3～4 cm 的小圆球,不能搓太紧,以内部松散但能成形为准。

9. 保湿恒温

将成形的小曲胚逐个放入垫有无菌湿纱布的白瓷盘中,摆成梅花状,放好后在表面上盖一层无菌湿纱布,置于 28 ℃恒温箱培养。注意:在恒温箱内放一盆清水,用以保湿。

10. 管理

霉菌在曲胚表面发育,布满菌丝,历时 12～24 h(生皮阶段),此时应进行翻曲;曲胚水分大量蒸发,曲心酸度略有上升,酵母在低温时增殖,约需 12 h(干皮阶段),此阶段要注意保湿和降温;菌丝往曲心生长,曲心颜色逐渐白色并逐渐老熟,酸味也逐渐消失,历时 40 h(过心阶段)。

11. 出曲、烘曲

将曲胚连同纱布一起置于 30～40 ℃烘箱,烘至曲胚含水量在 12%以下或自然阴干。

五、实训作业

1.描述制作好的小曲的外观形态、色泽和气味。
2.进行小曲成品的质量评价。

实训五　液体曲的生产

一、实训目的

1. 掌握液体曲生产的基本原理和方法。
2. 掌握液体曲生产工艺过程。

二、实训原理

将曲霉培养在液体基质中,通入无菌空气,使其生长繁殖和产酶,这种含有曲霉菌体和酶的培养液就叫"液体曲"。液体曲含有适量的淀粉液化酶和淀粉糖化酶,可以代替固体曲(如用固体通风培养法制得的麸曲)在淀粉质原料的酒精发酵及白酒酿造中作糖化剂使用。在酒精生产过程中,蒸煮醪的糖化至关重要,其目的是在酶的作用下,使糊化醪中的溶解状态淀粉被糖化剂作用,分解转化成小分子量的可发酵性糖。液体曲在培养方法和物料状态上,便于进行机械化操作,工艺技术先进,单位原料酶活高,生产在无菌状态下进行,提高了曲的糖化力和发酵力,提高了出酒率。在实际生产中,液体曲已广泛地用于白酒、黄酒、米酒、药酒的酿造行业。总体来看,液体曲的生产和应用仍是我国当前酒精生产行业的主流。

制备液体曲主要在于液体深层培养。首先,制备液体曲不仅要密闭的发酵罐,而且要解决罐内培养物的搅拌通风问题。目前发酵罐有带升式罐和搅拌罐2种,带升式罐的使用方法比较简便。其次,制备液体曲还需要严密的纯种培养,这需要保证所选菌种的优良性,在保证不被污染的条件下逐级扩大培养。为此,需对培养用具、培养罐、管路、过滤器等进行彻底杀菌;控制培养条件,以便长菌、生酶;需要净化的无菌压缩空气,以便供好气培养使用。

三、实训步骤

1. 配料与蒸煮

以麸皮、玉米面(或地瓜干粉)、米糠及硫酸铵(0.16%)为原料,加水调成干物质浓度为3.5%的料液。加热到160 ℃并保持40～60 min,破坏谷类原料的细胞,使淀粉糊化,并杀灭原料中的杂菌。然后冷却到33 ℃,作为培养种子或培养液体曲的培养基。

菌种:黑曲霉。

2. 纯种培养

将保藏的菌种移接至斜面进行活化,活化后再接入另一试管,以培养孢子,待孢子形成以后,加无菌水制成孢子悬浮液。再将孢子悬浮液以压差法接种到小罐,通风、搅拌、培养种子。32～34 ℃培养34 h,培养物作为菌种供液体曲大罐培养使用。

3. 空气净化

种子或液体曲培养均用无菌空气。净化时,空气由空气压缩机送出去,经过冷却、除尘、除油、去雾、净化、除菌等过程后达到无菌状态,再以稳定的压力送入培养罐。

4. 成品曲制备

利用压法差将种子罐中培养好的种子液压入培养罐中,即提高种子罐压力,同时适当降低培养罐压力,造成压力差,将种子液从种子罐压入培养罐。接种量为8%~10%,温度为32~34 ℃。带升式培养罐的喷嘴压力为0.2 MPa,罐压为0.03 MPa,通风量为18%,醪液循环周期为2.5~3.5 min。培养32 h后,当糖化力达200 mg/mL以上,酸度为0.65~0.85,pH为5.3~5.4时,即可停风。

若液体曲成熟后暂不使用,可在低温(26~27 ℃)、保压条件下贮存1周。在贮存期间,虽会因菌体自溶而使液体变稀,但酶活力仍保持不变。

四、实训作业

1. 液体曲培养的优缺点有哪些?
2. 液体曲培养需要注意哪些方面?

参考文献

[1] 周德庆.微生物学教程[M].北京:高等教育出版社,2002.

[2] 施巧琴,吴松刚.工业微生物育种学[M].北京:科学出版社,2003.

[3] 何国庆.食品发酵与酿造工艺学[M].北京:中国农业出版社,2004.

[4] 诸葛健.现代发酵微生物实验技术[M].北京:化学工业出版社,2005.

[5] 史仲平.发酵过程解析控制与检测技术[M].北京:化学工业出版社,2005.

[6] 张兴元,许学书.生物反应器工程[M].上海:华东理工大学出版社,2001.

[7] 陈坚,堵国成,刘龙主编.发酵工程实验技术[M].北京:化学工业出版社,2013.

[8] 潘力.食品发酵工程[M].北京:化学工业出版社,2006.

[9] 程殿林.啤酒生产技术[M].北京:化学工业出版社,2005.

[10] 杜鑫.固体酵母通风制曲生产工艺总结[J].酿酒科技,2011,31(1):68-72.

[11] 岑琪琳,赵美娟.Q303麸皮根霉曲在黄酒生产中的应用总结[J].酿酒科技,2000,21(5):77-79.

[12] 王文宇,吴钰.液体曲种制取酱油通风曲的试验[J].中国调味品,2003,27(11):28-30.

第五单元　发酵罐实操实训

发酵罐是用于微生物深层培养的生物反应器,是发酵工业中最重要的反应设备,是连接原料与产物的桥梁,也是多学科的交叉点。自青霉素工业化生产以来,发酵工业迅速发展,发酵罐作为发酵工业的心脏,也得到不断的发展。

发酵罐的种类多种多样,根据培养对象的不同,可以分为微生物培养发酵罐、酶反应发酵罐和细胞培养发酵罐;根据培养基的类型不同,可以分为固态发酵罐和液态发酵罐;根据培养规模的不同,可以分为实验室规模的发酵罐、中试规模的发酵罐和生产规模的发酵罐;根据微生物对氧的需求不同,可以分为好氧型发酵罐和嫌气型发酵罐;根据操作方式的不同,可以分为间歇式发酵罐、连续式发酵罐和半连续式发酵罐;根据发酵罐能量输入方式的不同,可以分为机械搅拌式发酵罐、环流反应器和自吸式发酵罐,等等。下面介绍几种常用的发酵罐。

1. 机械搅拌式发酵罐

机械搅拌式发酵罐是工业上常用的通风发酵设备,其顶部或底部带有搅拌装置。机械搅拌的作用是使空气和发酵液充分混合,通过搅拌打碎空气气泡以提高发酵液的溶氧量,同时保持液体中的固形物料呈悬浮状态。其特点是发酵液与空气充分混合,不易产生沉淀,溶氧系数较高,适用于对溶氧有不同需求的各种发酵类型,对氧气的利用率较高。

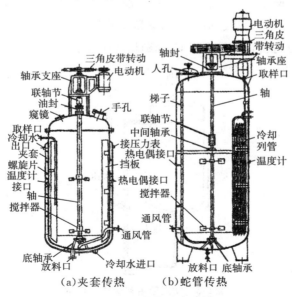

图 5-1　机械搅拌式发酵罐

2. 环流反应器

环流反应器也称"气升式反应器",设计简单,无机械搅拌装置,仅利用无菌压缩空气作为液体的提升力。无菌空气从发酵罐底部进入,在罐内循环搅拌发酵液,通过发酵液上下翻动,达到混合和传质传热的目的。其工作过程是基于含气量高的培养物和含气量低的培养物之间密度的差异而完成的。该设备分为内循环式和外循环式 2 种。其特点是能耗低,氧传质效率高,不易污染杂菌,剪切力低,适用于酵母菌、动植物细胞培养及单细胞蛋白的发酵生产。

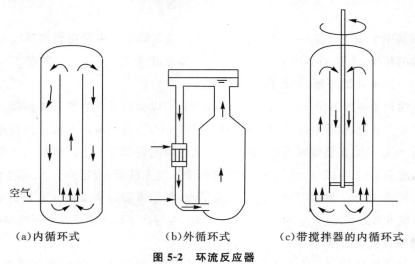

(a)内循环式　　(b)外循环式　　(c)带搅拌器的内循环式

图 5-2　环流反应器

3. 自吸式发酵罐

自吸式发酵罐是一种没有压缩机等供气源,在发酵过程中自行吸入空气的发酵罐,包括无定子回转翼片式自吸式发酵罐、有定子自吸式发酵罐、溢流喷射式自吸式发酵罐、文氏发酵罐(喷射式自吸式发酵罐)等。该设备的关键部位是带有中央吸气口的搅拌器。该设备在发酵过程中可以自吸入过滤空气,适合于需氧量低的发酵类型,广泛应用于酵母工业和医药工业,可用于生产酵母、蛋白酶、维生素 C、葡萄糖酸钙等。

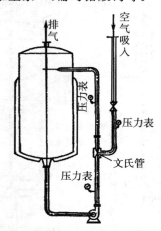

图 5-3　文氏喷射自吸式发酵罐

4. 固定化生物反应器

固定化生物反应器是对固定化酶和固定化细胞进行生物催化反应的反应器,主要包括间歇式搅拌罐反应器、连续流动式搅拌罐反应器、填充床反应器、流化床反应器、连续搅拌罐—超滤膜反应器等。该反应器的优点是生物利用率比较高,已应用于微生物和动植物细胞的培养、醋酸发酵、污水处理等行业。

本实训以10 L机械搅拌式发酵罐为例介绍其组成。该发酵控制系统主要由发酵罐罐体、管路阀门系统、补料系统和参数控制系统组成,如图5-4所示。

(1)发酵罐罐体　发酵罐的罐体采用不锈钢制成,呈圆柱形,高径比为(1.7～3.0):1,外有夹套,用于培养基的预热和温度控制。为了满足灭菌和发酵时的压力需要,发酵罐要能耐受一定的压力。罐顶有进料口、排气口、补料口和压力表接口。罐体正面有长方形视镜,照明灯开启时能通过视镜观察到罐内状况。罐体上还接有pH计和溶氧电极接口、进无菌空气管路、进蒸汽管路、恒温循环水和冷却水管路。罐底有出料口。发酵罐罐顶还配有旋桨式搅拌装置,有3～8个叶片,一般采用不锈钢板制成,主要作用是通过搅拌增加溶氧。

(2)管路阀门系统　管路阀门系统又可分为空气系统、蒸汽系统和水循环系统。在微生物的培养过程中,氧气的供给非常重要,空气压缩机产生的空气通过三级空气过滤系统,将无菌空气由罐体上部通入发酵罐内,一般在排气口附近还有控制阀。发酵罐在使用时要通入蒸汽灭菌,由蒸汽发生器里产生的蒸汽通过蒸汽管道从罐体顶部和底部进入罐体,给罐体和培养基灭菌。水循环系统由进水管路和排水管路组成,用于培养基的降温和发酵过程中培养基温度的控制。

(3)补料系统　补料系统主要用于在发酵过程中对产生的泡沫进行消泡、调节pH及适当补充培养基。在发酵罐的顶部有补料系统的接口。

(4)参数控制系统　参数控制系统主要用于控制发酵过程中的温度、溶氧、pH等。

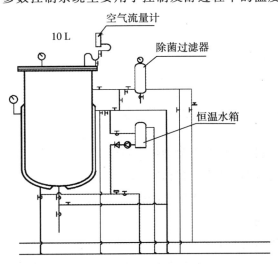

图5-4　10 L液态发酵罐示意图

实训一　液态发酵罐操作训练

一、实训目的

1. 了解液态发酵罐的基本操作。
2. 学习和掌握液态发酵罐的使用方法。

二、实训原理

发酵罐是为微生物发酵提供良好环境的设备的统称,可以用于微生物的固态和液态发酵。发酵罐除具有罐体和管路阀门系统外,还配有控制系统。控制系统主要用于对发酵过程中的各种参数,如 pH、溶解氧、温度、空气流量、搅拌速度等进行设定和监控,以及对这些参数进行反馈控制调节。

三、实训要求

1. 掌握液态发酵罐的清洗与灭菌操作。
2. 掌握蒸汽发生器的使用及无菌空气的制备。
3. 掌握空气净化系统的空消操作。
4. 掌握实消与接种培养操作。
5. 掌握液态发酵过程的控制操作。
6. 掌握出料与设备维修、保养操作。

四、实训设备

10 L 液态发酵罐。

五、实训内容

1. 实训前准备

(1)检查电源、空压机、控制系统和循环水系统是否能正常工作。
(2)检查发酵罐、过滤器、管路、阀门等的密封性是否良好,有无泄漏。
(3)检查水(冷却水)压、电压、气压等能否正常供应。

2. 液态发酵罐的空消

发酵罐的空消是指将蒸汽直接通入空的发酵罐内进行灭菌。在投料前,气路、料路和发酵罐必须用蒸汽进行灭菌,消除所有死角的杂菌,保证整个系统处于无菌状态。

注意事项:空消前应关闭系统上所有的阀门。

空消的操作步骤：

(1)排尽夹套内的冷却水。

(2)打开罐底、通气管路的进蒸汽阀门，往罐内通入蒸汽，从罐顶排气口排出余气。

(3)空消时，应将罐上的接种口、排气阀及料路阀门微微打开，使蒸汽通过这些阀门排出，同时调整罐顶排气阀，使罐压保持在0.11~0.15 MPa，维持30~40 min。

(4)空消结束后，关上罐底、通气管路的进蒸汽阀门及所有相关排气阀、排气口，但保持罐顶排气口打开，使罐内压力与大气压相同，防止突然冷却时罐内产生负压，损坏罐体。

注意事项：

①发酵罐空消时，应先将夹套内的水放掉，空消过程中最好将夹套排水阀打开，以防夹套水排不净。

②发酵罐空消时，应将溶氧电极、pH电极取出，以延长其使用寿命。

3. 空气过滤器的灭菌

空气管路上有除菌过滤器和空气二级过滤装置。空气二级过滤装置不能用蒸汽灭菌，因此，在空气管路通蒸汽前，必须先关闭空气系统进气阀。蒸汽通过蒸汽过滤器后进入除菌过滤器，要使用净蒸汽对除菌过滤器灭菌。

(1)空消过程中，除菌过滤器下端的排气阀应微微开启，排除冷凝水。

(2)空消时压力应维持在0.11~0.15 MPa，灭菌时间应持续30 min左右。

(3)空气过滤器灭菌结束后，应通入无菌空气，将其吹干20~30 min，然后将气路阀门关闭，使空气系统始终保持正压备用。

注意事项： 对除菌过滤器进行蒸汽灭菌时，压力不得超过0.15 MPa。

4. 液态发酵罐的实消

实消是指向发酵罐内加入培养基后，用蒸汽对培养基进行灭菌的过程。

(1)空消结束后，首先需将校正好的pH电极、溶氧电极装入罐体内的接头中，然后将配好的培养基从进料口加入罐内。此时应确保pH电极、溶氧电极浸没在培养基里，夹套内应无冷却水。

(2)培养基的加入量一般为罐体容积的70%左右。泡沫多的培养基还需加入少量消泡剂。考虑到冷凝水和接种量等因素，培养基的加入量一般为罐体容积的60%。

(3)为了减少蒸汽冷凝水，实消前先利用夹套通蒸汽，对培养基进行预热，保持夹套压力小于或等于0.1 MPa。待培养基温度达到90 ℃后，关闭夹套蒸汽，改为直接向罐内通入蒸汽。

(4)当罐压升至0.11~0.15 MPa、温度升至121~123 ℃时，控制蒸汽阀门开度，保持罐压不变，维持30 min左右。

(5)实消结束后，打开系统冷却水的进水、排水阀门，往夹套内通冷却水降温。

(6)当罐温降至接种温度时，可关上冷却水排水阀，打开恒温循环水回水阀，在控制屏上点击"发酵启动"按钮，开始自动冷却并保温。

注意事项：

①在夹套通水冷却时，罐压会急剧下降，当罐内压力降至 0.05 MPa 时，微微开启空气进气阀和罐顶排气阀，开启电机进行通气搅拌，加快冷却速度，并保持罐压为 0.05 MPa，直到罐温降至接种温度。

②实消结束后，往夹套内通冷却水降温时，应先打开排水阀，再打开进水阀。

5. 接种及过程控制

(1)采用火焰封口接种法，接种前应事先准备好酒精棉球、钳子、镊子和接种环。

(2)根据工艺要求，将种子液按照一定的接种量接入发酵罐中。

(3)将酒精棉球放在接种口周围，点燃酒精棉球，用钳子拧开接种口，同时向罐内通气，使接种口有空气排出。

(4)将种子液在火焰中倒入罐内。

(5)将接种口盖在火焰上方灭菌，然后拧紧。

(6)接种后即可通气培养，罐压维持在 0.05 MPa。

6. 发酵

(1)接种完毕后，开启恒温循环水路及其自动控制系统，进入发酵程序。通气量和培养温度依据工艺要求而定，罐压始终维持在 0.05 MPa 左右。发酵过程中若取样检验，可通过取样口取样。取样前，取样管路阀门需用蒸汽灭菌，防止杂菌污染。取样结束后，同样要用蒸汽冲洗取样管道阀门，冲洗 20 min 左右。取样时一定注意保持罐内正压，其压力维持在 0.01～0.02 MPa 即可。

(2)发酵温度的调节通过调节循环水的温度来实现。

(3)溶氧量大小的调节主要通过调节进气量来实现。

(4)pH 的调节是由控制系统通过执行机构（蠕动泵）自动加酸加碱来实现的。

7. 出料及清洗

(1)出料：利用罐压将发酵液从出料管道排出。根据发酵液的浓度，罐压可控制在 0.05～0.1 MPa。

(2)出料后取出溶氧电极和 pH 电极，进行清洗保养。

(3)出料结束后，应立即放水清洗发酵罐及料路管道、阀门，并开动空压机，向发酵罐供气搅拌，将管路中的发酵液冲洗干净。如长时间不用，停机前要进行一次空消。

8. 液态发酵罐控制系统的操作（以 SFAT－8000 触摸屏系统为例）

(1)用户打开电源进入系统后，首先需要从"用户登录"处登录系统，登录后方可操作本系统。如果输入密码错误或不输入系统密码，则只能监视而不能加以控制。用户可以在登录使用结束后，点击"退出系统"，以防其他人员误操作。登录系统后，用户可以看到发酵罐监视界面。

图 5-5　发酵罐系统界面

（2）以 A 罐为例，学习软件操作过程。按下 A 罐操作面板按钮，进入操作面板界面。通过触摸屏输入发酵批号，设置发酵分时控制。按"发酵分时控制"按钮，进入发酵分时控制参数设置界面，可以分阶段设置罐温和转速。

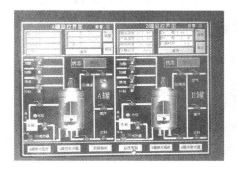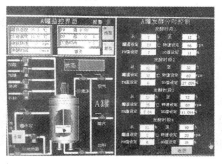

图 5-6　发酵罐 A 监视界面

（3）点击监视面板下方的"A 罐参数设置"，进入 A 罐参数设置页面，可以设定罐温、转速、灭菌温度、时间及其上下限等发酵参数。点击"参数校正"按钮，可以通过按"＋"或"－"来增减相应的斜率或零位的值，以此调节实际的显示值。

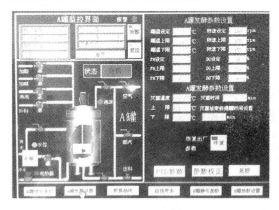

图 5-7　发酵罐 A 参数设定界面

(4)点击监视面板下方的数据曲线,进入 A 罐报警及曲线界面,在此可查询报警、速度和温度的趋势曲线。

图 5-8　发酵罐报警窗口

六、实训作业

1. 简述液态发酵罐空消的注意事项及操作流程。
2. 液态发酵罐实消前为什么要先对夹套预热?
3. 使用液态发酵罐时如何进行接种操作?接种过程中怎样保证罐内不会染菌?

实训二　固态发酵罐操作训练

一、实训目的

1. 了解固态发酵罐的基本构造。
2. 学习和掌握固态发酵罐的操作。

二、实训原理

固态发酵是指一类使用不溶性固体基质来培养微生物的工艺过程。由于固体培养基的成分和菌种的性能不同,故发酵设备也有所差异。本实训介绍的这套固态发酵设备仅适用于菌种抗性较强、固体培养基物料比较松散、淀粉含量较低且不易糊化的生物制剂产品。如果遇到菌种抗性差、固体培养基物料较为黏结且易产生糊化的产品,或以菌丝体形式生长的真菌类产品,应对固体物料进行灭菌处理,灭菌处理后置于浅盘中或固体发酵床上,采用传统工艺进行发酵。

本实训以 50 L 固态发酵系统为例,介绍其结构组成。该设备主要由发酵罐、管路阀门系统和电器控制系统等组成,如图 5-9 所示。管路系统又可分为无菌空气、净化空气、蒸汽、恒温循环水、冷却水、接种、排水、排污等管路。

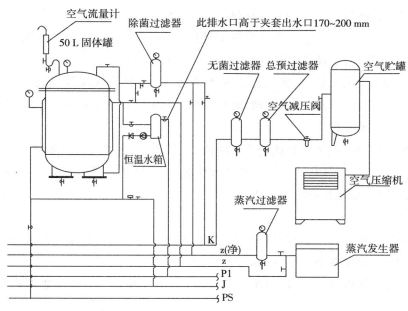

图 5-9　50 L 固态发酵罐示意图

三、实训设备

50 L 固态发酵控制系统。

四、实训内容

1. 空气过滤系统的空消

(1) 空消前要关闭空气系统进口阀,因为预过滤器不耐高温。

(2) 打开蒸汽过滤器的排冷凝水阀及前面的蒸汽阀门,保证以后空气进入罐体所经管道都是无菌的,冷凝水排尽后微开此阀门。

(3) 打开净蒸汽进口阀,打开除菌过滤器下面的排水阀,排除管道中冷凝水后,微开此阀门,对空气过滤器进行灭菌。

(4) 打开除菌过滤器后的阀门及排气阀,使净蒸汽通过除菌过滤器、空气过滤系统出口阀和排气阀排出。

(5) 调整好除菌过滤器上压力表的压力,使其达到 0.10～0.11MPa 后开始人工计时,保持此压力灭菌 30 min。

(6)灭菌结束后,关闭净蒸汽进口阀,紧接着迅速打开空气系统进口阀,吹干空气过滤系统 20~30 min。然后将空气系统进气阀、除菌过滤器后的阀门及过滤器排气阀关闭,使空气系统始终保持正压备用。

2. 固态发酵罐的空消

(1)排尽夹套内的冷却水及罐内余水。

(2)打开罐底、通气管路的进蒸汽阀门,往罐内通入蒸汽,并从罐顶排气口排出余气。

(3)微开发酵罐上各排气口,旋松接种盖,使蒸汽从盖上小孔喷出,防止出现灭菌死角。

(4)调整罐顶排气阀,使罐压达到 0.11~0.15 MPa,维持 30~40 min。

(5)空消结束后,关上罐底、通气管路的进蒸汽阀门及所有相关排气阀、排气口,只打开罐顶排气口,使罐内压力与大气压相同,防止突然冷却时罐内产生负压,损坏罐体。

3. 固态发酵罐的实消

实消的操作程序根据生产和试验产品的性能、菌种的抗性强弱、固体培养基物料的性能而定。菌种抗性较强,固体培养基物料又比较松散,淀粉含量较低且不易糊化的产品可采用操作程序 A,反之采用操作程序 B。

(1)操作程序 A。

①固体物料装料系数一般控制在 60% 之内,以刚刚埋没搅拌螺带最高处为佳。

②搅拌速度可控制在 10~20 r/min。

③从夹套通入蒸汽,压力可控制在 0.12~0.15 MPa,罐内上下暂不通入蒸汽,对物料进行预热。

④预热过程中,当罐内压力升至 0.05~0.07 MPa 时,迅速将罐顶部排气阀门打开,使罐内压力降至 0 为止。

⑤罐内压力排掉后,先由底部通入足够量的蒸汽,当罐内压力升至 0.15~0.20 MPa 时,开始保压,保压时间不少于 45 min。如果底部分配器通气不畅,升压较慢,可以由上部通入蒸汽,适当加以补充。当罐内压力升至 0.15~0.20 MPa 时,进行保压。保压时间到后,排掉罐内压力,通入无菌压缩空气,维持少许正压,打开手孔,取样镜检,取样后迅速关闭手孔。

⑥检验合格后,向夹层通入冷却水,冷却至发酵工艺所要求的温度,然后进行接种。

⑦若检验不合格,则重复操作步骤⑤,直至合格为止。

(2)操作程序 B。

①灭菌前对固体物料进行检测,严格控制其水分含量小于或等于 15%。

②固体物料装料系数一般控制在 60% 之内,以刚刚埋没搅拌螺带最高处为佳。搅拌速度可控制在 10~20 r/min。

③从夹套通入蒸汽,压力可控制在 0.15 MPa,罐内上下暂不通入蒸汽,对物料进行预热。

④预热过程中,当罐内压力升至 0.05~0.07 MPa 时,迅速将罐顶部排气阀门打开,使罐

内压力降至 0 为止。

⑤罐内压力排掉后,先由底部与夹层同时通入足量的蒸汽,当罐内压力升至 0.05～0.07 MPa 时,再次排气,使罐内压力降至 0。然后由底部与夹层同时通入蒸汽,当罐内压力升至 0.15～0.20 MPa 时,开始保压,保压不少于 45 min。如果底部分配器通气不畅,升压较慢,可以由上部通入蒸汽,适当加以补充。当罐内压力升至 0.15～0.20 MPa 时,进行保压。保压时间到后,排掉罐内压力,使压力降至 0.05 MPa 左右,切换无菌压缩空气,维持少许正压,打开手孔,取样镜检,取样后迅速关闭手孔。

⑥检验合格后,向夹层通入冷却水,冷却至发酵工艺所要求的温度,然后进行接种。

⑦若检验不合格,则重复操作步骤⑤,直至合格为止。

4. 接种培养

(1)本设备采用火焰封口接种法,接种前应事先准备好酒精棉球。

(2)将菌种装入三角烧瓶内,接种量根据工艺要求确定。

(3)将酒精棉球围在接种口周围并点燃,关小进气阀,当罐压接近于 0(但仍大于 0)时,拧开接种口,此时仍应向罐内通气,使接种口有空气排出。

(4)将三角烧瓶菌种在火焰中间倒入罐内。

(5)将接种口盖放在火焰上灭菌,然后拧紧。

(6)接种后,搅拌时间至少保证 20 min。

(7)投入菌种并搅拌均匀后,取样检测培养基湿度(即水分含量),如果湿度不够,计算好水分补充量,再用火焰保护方式加入适量的无菌水。

5. 发酵

接种完毕后,开启恒温循环水管路及其自动控制系统,进入发酵程序。发酵过程中的取样检验方法同灭菌程序的取样检验,但一定注意保持罐内正压,其压力维持在 0.01～0.02 MPa 即可。

6. 出料

出料前,首先打开下出料口,然后将搅拌转速控制在 3 r/min 左右。

7. 清洗

每次出料后,首先用相应的工具将罐内各处积存的物料清理干净,然后将底部封头内积存的物料清理干净(清理时,一定要将封头底部的手孔打开)。最后用高压清洗机清洗干净,以备下次空消与实消。如果长时间不用,停机前要进行一次空消。

8. pH 电极和溶氧电极的使用

(1)pH 电极的使用　环境因素(如温度、pH、氧气等)对微生物的生长和代谢都有很重要的影响。在微生物生长和代谢过程中,pH 变化可以表明微生物生长及其产物或副产物生成的情况。发酵过程中对 pH 的检测及控制很重要,因为每种微生物都有其生长繁殖的最适 pH;代谢产物的合成也有其最佳 pH 范围;在产物提取、纯化过程中,也需控制适当的 pH。

pH 电极灭菌有原位灭菌和放入高压蒸汽灭菌锅内灭菌 2 种方式。原位灭菌的电极需装入发酵罐内的专用外壳中,使电极的外部在灭菌时能耐受高于 $1.01×10^5$ Pa 的压力,这是为了防止罐压使物料流入多孔塞中。pH 电极多为组合式 pH 探头,由一个玻璃电极和参比电极组成,通过一个位于小的多孔塞上的液体接合点与培养基连接,多孔塞一般位于传感器的侧面。

pH 探头是一种产生电压信号的电化学元件,其内阻相当高,因此,产生的电位只能由一种高输入阻抗的直流放大器来测量,这种放大器可以获取微量电流。许多 pH 计及控制器都含有合适的放大器。很多发酵过程在恒定的 pH 或较小的 pH 范围内进行时最为有效。

pH 电极在使用前,应先装入不锈钢保护套内,再插入发酵罐中。在每次发酵前,要对 pH 电极进行校准,可以在发酵罐外将 pH 电极浸没到标准缓冲液中进行校准。电极在第一次使用之前,应浸泡在 3 mol/L KCl 溶液中 2 h 以上,对电极进行活化,不能浸泡在蒸馏水中。安装和清洁发酵罐时,由于 pH 探头易碎,因此建议在发酵罐实消前插入 pH 探头(需要在这里进行校准),使用后(放罐)先取出 pH 探头。

日常维护时,pH 探头需时常填充或填满电解液,一般用 3 mol/L KCl 溶液作为电解液。使用后应用蒸馏水彻底清洗电极,不要使用滤纸擦拭电极感应头,避免产生误差和不

图 5-10 pH 电极示意图

稳定。pH 探头伸入发酵液中后,发酵液中的物质可能会污染 pH 电极的多孔塞,多孔塞如果被污染,就会由白色变成褐色或黑色,这是 pH 电极恶化的表征。为防止污染,可将 pH 探头浸泡在 10 mol/L HCl 溶液中。有时添加酶溶液,如胃蛋白酶等,有助于去除蛋白质沉淀。

(2)溶氧电极的使用 "溶氧"是溶解氧的简称,是表征水溶液中氧浓度的参数。溶氧浓度是一个非常重要的发酵参数,它既影响细胞的生长,也影响产物的生成,因为溶解氧是好氧微生物生长所必需的。由于氧在水中的溶解度很低,所以溶解氧往往成为好氧微生物生长的限制因素。溶解氧浓度过低会影响微生物生长繁殖,实际上,发酵过程中可以采用通气、搅拌等方式增加溶解氧。不过,过高的溶氧浓度对微生物的生长也是不利的,因为增加溶氧浓度就必须加大转速或增加通气量,快速的机械搅拌会损伤细胞,增加通气量会造成罐压增大,因此,溶氧一般控制在临界氧浓度(不影响呼吸所允许的最低溶氧浓度)。

反应器中溶氧的检测很困难,一般采用直接在线检测法。目前,常用的溶氧测定方法是基于极谱原理的电流型测氧覆膜电极法。在实际生产中,就是在发酵罐中安装溶氧电极,在线检测溶氧浓度。用于发酵罐中检测溶氧浓度的溶氧电极必须能耐受高压蒸汽灭菌,即耐受高温(130 ℃)、高压(0.1~0.15 MPa)和长时间(1 h 以上)的灭菌,且性能稳定,漂移每天不超过 1%,其精度和准确度一般在 ±3% 左右。

溶氧电极分为2类，即原电池型和极谱型。原电池型溶氧电极一般由铂金、金或银等贵金属作为阴极，铅作为阳极，在电解质如氯化钾或醋酸钠存在下形成氯化铅或醋酸铅。极谱型溶氧电极一般也由铂金、金或银等贵金属作为阴极，铅作为阳极，但是需要外加0.6~0.8 V极化电压。由于电解质也参与了反应，所以，每隔一段时间要补充电解质。

检测原理：用膜将电化学电池与发酵液隔开，氧气通过透气性的膜渗入，而其他可能干扰检测的物质不能通过。氧气透过膜后在电解质溶液中扩散，到达电极阴极表面。氧气在阴极被还原时产生可检测的电流或电压，与氧气到达阴极的速率成正比。电流与被测液中的溶氧水平呈正比。

溶氧电极由阴极、阳极、电解液（一般由制造商提供溶氧电极专用的电解液）和塑料薄膜（一种适于支撑的、足够厚实的膜，一般采用四氟乙烯或聚四氟乙烯—聚六氟丙烯的共聚体，用以耐受发酵过程中形成的内外压差）等组成。生产用发酵罐所使用的电极还有压力补偿膜（为应对高压灭菌时电解质受热膨胀的需要，多采用硅胶制造）。

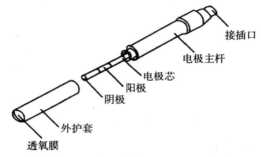

图 5-11　溶氧电极的结构示意图

注意事项：

①溶氧电极所测定的并不是溶解氧浓度，而是氧活度或氧分压，发酵工业一般采用空气饱和度（％）来表示溶解氧（DO）含量，各种微生物的临界氧值用空气氧饱和度来表示。在每次发酵前，必须对电极进行校正，通常采用线性校准，包括零点和斜率的调节，一般用氧气或不含氧的氮气来标定100％和零点。

②溶氧电极在实消前装入发酵罐。在使用过程中，电解液会有一定的消耗，需要补充电解液。如果膜不再起作用，需要更换溶氧膜。宜采用去离子水清洁探头，而不能用含有乙醇的清洗剂清洗，否则易损坏电极。由于溶氧电极的信号随温度的升高而显著增强，较大的温度变化会引起校准的较大漂移，因此，溶氧电极需具备温度补偿功能。

五、实训作业

1. 绘制固态发酵罐结构图，并标明各部分名称。
2. 如果无菌空气中发现有杂菌，请问是什么原因造成的？应该如何解决？

参考文献

[1] 余龙江.发酵工程原理及技术应用[M].北京:化学工业出版社,2013.

[2] 陈坚,堵国成,刘龙.发酵工程实验室技术[M].北京:化学工业出版社,2013.

[3] 夏焕章,熊宗贵.生物技术制药[M].北京:高等教育出版社,2006.

[4] 万海同.生物与制药工程实验[M].杭州:浙江大学出版社,2008.

[5] 崔建云.食品加工机械与设备[M].北京:中国轻工业出版社,2004.

[6] 贺浪冲.工业药物分析[M].北京:高等教育出版社,2006.

[7] 张嗣良,李凡超.发酵过程中pH及溶解氧的测量与控制[M].上海:华东化工学院出版社,1992.

[8] 宋超先.微生物与发酵基础教程[M].天津:天津大学出版社,2007.

第六单元　发酵生化参数的检测

实训一　比浊法测定发酵液中大肠杆菌浓度

一、实训目的

1. 掌握比浊法测定发酵液中微生物浓度的原理。
2. 掌握比浊法测定发酵液中微生物浓度的方法和步骤。

二、实训原理

大肠杆菌和酵母菌等在发酵液中以单个细胞的分离形式存在,可以采用测定浊度的方法确定菌种浓度。具体方法是将发酵液适当稀释后,使用可见分光光度计在波长 600 nm 处测量发酵液吸光度。为了保证测定的准确性,吸光度值应在 0.2 至 0.7 之间,可以通过适当稀释发酵液来实现。

三、实训材料和设备

1. 培养基

蛋白胨 10 g/L,酵母膏 10 g/L,NaCl 5 g/L,pH 7.2,摇瓶装量 20%,37 ℃摇床恒温培养 10~12 h。

2. 设备与仪器

722 型可见分光光度计等。

四、实训步骤

1. 取 10 支试管,分别在其中加入 5 mL、2.5 mL、1.0 mL、0.5 mL、0.1 mL 大肠杆菌培养液,每支重复 1 次。
2. 按顺序分别加入 0 mL、2.5 mL、4.0 mL、4.5 mL、4.9 mL 去离子水,分别稀释 1、2、5、10、50 倍。
3. 以去离子水为参比,在波长 600 nm 处比色,测定吸光度值。

五、实训数据记录

读取并记录每一次数据。

稀释倍数	1	2	5	10	50
A_{600}					
$A_{600}×$稀释倍数					

计算公式:吸光度值=$A_{600}×$稀释倍数。

参照本单元实训二制得干菌体,并用干菌体配制不同浓度的菌悬液,测量其吸光度值,绘制菌体浓度与吸光度值的关系曲线。将上表中吸光度值代入曲线,得菌体浓度。

实训二 菌体干重的测定

一、实训目的

1. 学会测定菌体干重的方法。
2. 分析菌体干重与比浊法测定的吸光度之间的关系。

二、实训原理

在不含固体的培养液中培养微生物,发酵液中的固体全是菌体,因此,可以离心得到湿菌体。再用适当的方法干燥,所得干菌体的量可直接反映菌体生长的多少。

三、实训材料和设备

1. 培养基

蛋白胨 10 g/L,酵母膏 10 g/L,NaCl 5 g/L,pH 7.2。

2. 设备与仪器

恒温干燥箱、分析天平、离心机等。

四、实训步骤

1. 将 2 支干燥的 10 mL 离心试管放入 95 ℃烘箱,烘 2 h 后取出,放入干燥器,待试管冷却后称重,得到 2 支空试管的重量。

2. 在 2 支试管中分别准确加入 10 mL 发酵液。注意:取样前,发酵液需要搅拌摇匀。

3. 将装有发酵液的试管放入离心机离心,3000 r/min 离心 15 min。注意:离心之前要对预离心的试管重量进行平衡,并对称放入离心机的相应位置,以免损坏离心机。

4. 按照本单元实训一的方法测定该发酵液的 A_{600} 值。

5. 离心结束后,取出试管,弃去上清液,将试管和其中的菌体放入 95 ℃烘箱烘干 12 h。

6. 取出试管,放入干燥器,待冷却后称重,即得菌体干重。

7. 按下式计算单位菌体干重:

$$单位菌体干重(g/L) = 菌体干重 \times 1000/10$$

作菌体干重与 A_{600} 的关系曲线,即得二者的对应关系。若要测定发酵过程中的菌体浓度,只要测得 A_{600},就可以计算出菌体干重。

五、实训作业

分析菌体干重与比浊法测定的吸光度之间的关系。

实训三 紫外分光光度法定量测定细胞总核酸

一、实训目的

1. 学习紫外分光光度法测定核酸含量的原理。
2. 掌握利用紫外分光光度计测定核酸含量的方法。

二、实训原理

用紫外可见分光光度计所测定的分子的紫外可见吸收光谱,是分子中的某些基团吸收了紫外可见辐射光后,发生电子能级跃迁而产生的吸收光谱。该光谱是带状光谱,反映了分子中某些基团的信息。可以用标准光谱图结合其他手段对物质进行定性分析。根据所吸收光的波长区域不同,分光光度法分为紫外分光光度法和可见分光光度法,合称"紫外-可见分光光度法"。

核酸是核苷酸单体聚合而成的生物大分子,是生物细胞中最基本和最重要的成分。根据核酸的物理和化学性质,应用一种简便、快捷、准确的方法,可以达到测定核酸含量的目的。元素分析表明,RNA 含磷量平均为 9.5%,DNA 含磷量平均为 9.9%,由此可以推导出核酸质量约为其含磷量的 11 倍,因此,可根据测得的核酸样品的含磷量计算核酸的含量。DNA、RNA 分子在强酸作用下降解生成糖,再与浓酸、酚或胺作用生成有色化合物,其颜色深浅与核酸含量呈正比,因此,通过比色法可测得核酸的含量。核酸分子中的共轭 π 键具有紫外吸光性质,核酸溶液的吸收度与核酸的浓度呈正比,可用作定量测定。紫外分光光度法测定核酸含量简便快速,灵敏度高,一般可达 3 ng/L 的检测水平。

三、实训材料和设备

1. 试剂与材料

氨水。

钼酸铵－过氯酸沉淀剂(0.25％钼酸铵－2.5％过氯酸溶液):将 3.6 mL 70％过氯酸和 0.25 g 钼酸铵溶于 96.4 mL 蒸馏水中。

2. 设备与仪器

分析天平、离心机、紫外分光光度计、容量瓶、吸管等。

四、实训步骤

1. 将样品配制成 5～50 μg/mL 的核酸溶液,在紫外分光光度计上测定 260 nm 和 280 nm 处的吸光度,按下式计算核酸浓度和两者的吸收比值:

$$RNA 的质量浓度(mg/L) = A_{260nm} \div (0.024 \times L) \times 稀释倍数$$

$$DNA 的质量浓度(mg/L) = A_{260nm} \div (0.020 \times L) \times 稀释倍数$$

式中:A_{260nm}——260 nm 波长处的吸光度值;

L——比色杯的厚度,一般为 1 cm 或 0.5 cm;

0.024——每毫升溶液内含 1.0 μg RNA 的吸光度值;

0.020——每毫升溶液内含 1.0 μg DNA 钠盐的吸光度值。

2. 如果待测的核酸样品中含有酸性核苷酸或可透析的低聚多核苷酸,则在测定时需加钼酸铵－过氯酸沉淀剂,沉淀除去大分子核酸,测定上清液在 260 nm 处的吸光度,作为对照。操作如下:取 2 支小离心管,A 管加入 0.5 mL 样品和 0.5 mL 蒸馏水,B 管加入 0.5 mL 样品和 0.5 mL 钼酸铵－过氯酸沉淀剂,摇匀,在冰浴中放置 30 min。3000 r/min 离心 10 min,从 A、B 两试管中分别吸取 0.4 mL 上清液到 2 个 50 mL 容量瓶内,定容至刻度。在紫外分光光度计上测定 260 nm 处的吸光度。

$$RNA 的质量浓度(mg/L) = \Delta A_{260nm} \div (0.024 \times L) \times 稀释倍数$$

$$DNA 的质量浓度(mg/L) = \Delta A_{260nm} \div (0.020 \times L) \times 稀释倍数$$

式中:ΔA_{260nm}——A 管稀释液在 260nm 波长处的吸光度值减去 B 管稀释液在 260 nm 波长处的吸光度值。

$$核酸的质量分数 = \frac{待测液中测得的核酸质量}{待测液中制品的质量} \times 100\%$$

五、讨论

由于蛋白质含有芳香族氨基酸,故它也能吸收紫外光,通常吸收峰在 280 nm 处,在

260 nm 处的吸收值仅为核酸的十分之一或更低。若样品中蛋白质含量较低时,对核酸紫外测定影响不大;若蛋白质含量较高时,则会影响核酸含量的测定,此时应去除蛋白质的干扰。

实训四　发酵液糖度的测定

发酵工艺控制是通过一系列工艺参数来实现的。这些参数包括物理参数(如温度、压力等)和化学参数(如 pH、糖的浓度等),其中糖的浓度是控制发酵过程的重要参数之一。由于碳源对于发酵过程中菌体生长及产物合成都有较大影响,因此,测定发酵过程中还原糖浓度变化对发酵控制有重要的指导意义。单糖和某些寡糖含有游离的醛基或酮基,有还原性,属于还原糖,而多糖和蔗糖等属于非还原性糖;利用多糖能被酸水解为单糖的性质,可以通过测定水解后的单糖含量对总糖进行测定。常规的测糖方法如菲林法、二硝基水杨酸法等化学分析方法,只能测定总可溶性糖和还原糖,不能测定其他各种糖的含量。后来又逐渐发展了色谱法、旋光法等,能够将多种糖逐一分离,准确地进行定性定量分析,因此,它们在糖类物质的分析中占有非常重要的地位。

方法一　3,5－二硝基水杨酸比色法

一、实训目的

1. 学习和掌握发酵过程中的取样操作。
2. 了解还原糖的 DNS 测定方法及注意事项。

二、实训原理

在 NaOH 和丙三醇存在下,3,5－二硝基水杨酸(DNS)与还原糖共热后被还原生成氨基化合物。在过量的 NaOH 碱性溶液中,此化合物呈橘红色,在 540 nm 波长处有最大吸收。在一定的浓度范围内,还原糖的量与吸光度值呈线性关系,利用比色法可测定样品中的含糖量。

HOOC—[苯环, OH, NO$_2$, NO$_2$] + 还原糖 → HOOC—[苯环, OH, NH$_2$, NO$_2$]

(DNS)　　　　　　　　　(3-氨基-5-硝基水杨酸)

黄色　　　　　　　　　　橘红色

三、实训材料和设备

1. 试剂与材料

(1) 1 mg/mL 葡萄糖标准溶液　准确称取干燥恒重的葡萄糖 100 mg,加少量蒸馏水溶解后,用蒸馏水定容至 100 mL,即葡萄糖浓度为 1 mg/mL。

(2) 3,5—二硝基水杨酸试剂　称取 6.3 g 3,5—二硝基水杨酸,并量取 262 mL 2 mol/L NaOH 溶液,加到酒石酸钾钠的热溶液中(182 g 酒石酸钾钠溶于 500 mL 水中),再加 5 g 结晶酚和 5 g 亚硫酸钠,搅拌溶解,冷却后定容到 1000 mL,贮于棕色瓶中。

(3) 6 mol/L NaOH 溶液　称取 60 g NaOH 溶于 500 mL 蒸馏水中。

(4) 0.1% 酚酞指示剂。

(5) 6 mol/L HCl 溶液。

2. 设备与仪器

分光光度计、天平、水浴锅、电炉、试管等。

四、实训步骤

1. 葡萄糖标准曲线制作

取 9 支定糖管(有盖子,且用绳子系住),分别按照表 6-1 中的顺序加入各种试剂,在沸水浴中加热 5 min,然后立即用流动水冷却。将管内溶液混匀,用空白管溶液调零点,在 520 nm 处测定吸光度值。以葡萄糖含量为横坐标,吸光度值为纵坐标,绘制葡萄糖溶液标准曲线。

表 6-1　制作葡萄糖标准曲线时各试剂用量

项目	空白	1	2	3	4	5	6	7	8
含糖总量(mg)	0	0.2	0.4	0.6	0.8	1.0	1.2	1.4	1.6
葡萄糖液(mL)	0	0.2	0.4	0.6	0.8	1.0	1.2	1.4	1.6
蒸馏水(mL)	2.0	1.8	1.6	1.4	1.2	1.0	0.8	0.6	0.4
DNS 试剂(mL)	1.5	1.5	1.5	1.5	1.5	1.5	1.5	1.5	1.5
加热				均在沸水浴中加热 5min					
冷却				立即用流动水冷却					
蒸馏水(mL)	21.5	21.5	21.5	21.5	21.5	21.5	21.5	21.5	21.5
吸光度(520nm)									

2. 发酵液的取样

按照发酵罐取样的操作规程取样,并用洁净的三角烧瓶盛放。

3. 发酵液检测样品的制备

取一定体积的发酵液,在 12000 r/min 转速下离心,去除菌体。准确量取 5 mL 发酵上清液(取样量视含糖量高低而定,在发酵的不同时期内,取样量应有所不同),加入 100 mL 容量瓶中,加入 10 mL 10% $ZnSO_4$ 溶液,用碱液(3 mol/L NaOH 溶液)调节至呈碱性,用水稀释至刻度,摇匀。用干燥滤纸过滤。按照表 6-2 加入相应试剂进行反应。在 520 nm 处测定吸光度,最后根据葡萄糖标准曲线算出发酵液所含还原糖的量。每管测定 3 次,求平均值。

表 6-2　发酵液所含还原糖的测定

项目	空白	1	2	3
发酵液(mL)	0	0.8	0.8	0.8
蒸馏水(mL)	2.0	1.2	1.2	1.2
DNS 试剂(mL)	1.5	1.5	1.5	1.5
加热	均在沸水浴中加热 5 min			
冷却	立即用流动水冷却			
蒸馏水(mL)	21.5	21.5	21.5	21.5
吸光度(520 nm)				

五、注意事项

1. 实验中所有的试管都要求干净,加入各种试剂的量要准确。
2. 试剂不可倒出试剂瓶,应用干净的移液管吸取,用后盖好瓶塞,放回原处。
3. 定糖管的管口在加热时不可朝向人,以免糖液过度沸腾而飞溅伤人。
4. 葡萄糖标准曲线绘制要准确,尽量符合统计学意义($R^2>97\%$)。如果绘制时浓度过度分散,需依次重做。
5. 使用分光光度计时,比色皿溶液不要倒太多,毛边不要对着透光处,使用后用自来水冲洗干净。

方法二　菲林试剂比色法

一、实训目的

1. 掌握还原糖和总糖的测定原理。
2. 学习用直接滴定法测定还原糖的方法。

二、实训原理

将一定量的菲林试剂甲液和乙液等体积混合时,硫酸铜与氢氧化钠反应,生成氢氧化铜沉淀。

$$2NaOH+CuSO_4 = Cu(OH)_2\downarrow +Na_2SO_4$$

所生成的氢氧化铜沉淀与酒石酸钾钠反应,生成可溶性的酒石酸钾钠铜。

$$Cu(OH)_2 + \begin{matrix} COOK \\ H-C-OH \\ H-C-OH \\ COONa \end{matrix} \rightleftharpoons \begin{matrix} COOK \\ H-C-O \\ H-C-O \\ COONa \end{matrix} \Big\rangle Cu + 2H_2O$$

在加热条件下,用样液滴定,样液中的还原糖与酒石酸钾钠铜反应,酒石酸钾钠铜被还原糖还原,产生红色氧化亚铜沉淀,还原糖则被氧化和降解。其反应如下:

$$6 \begin{matrix} COOK \\ H-C-O \\ H-C-O \\ COONa \end{matrix} \Big\rangle Cu + \begin{matrix} CHO \\ (CHOH)_4 \\ CH_2OH \end{matrix} + 6H_2O \xrightarrow{\Delta} 6 \begin{matrix} COOK \\ H-C-O \\ H-C-O \\ COONa \end{matrix} + \begin{matrix} COOH \\ (CHOH)_3 \\ COOH \end{matrix} + 3Cu_2O\downarrow + H_2CO_3$$

反应生成的氧化亚铜沉淀与菲林试剂中的亚铁氰化钾(黄血盐)反应生成可溶性复盐,便于观察滴定终点。

$$Cu_2O + K_4Fe(CN)_6 + H_2O \rightarrow K_2Cu_2Fe(CN)_6 + 2KOH$$

滴定时以亚甲基蓝为氧化-还原指示剂。因为亚甲基蓝的氧化能力比二价铜弱,故待二价铜离子被全部还原后,稍过量的还原糖可使蓝色的氧化型亚甲基蓝还原为无色的还原型亚甲基蓝,即达滴定终点。根据样液量可计算出还原糖含量。

三、实训材料和设备

1. 试剂与材料

(1)菲林试剂甲液 称取 15 g 硫酸铜($CuSO_4 \cdot 5H_2O$)及 0.05 g 亚甲基蓝,溶于蒸馏水中,并稀释到 1000 mL。

(2)菲林试剂乙液 称取 50 g 酒石酸钾钠及 75 g NaOH,溶于蒸馏水中,再加入 4 g 亚铁氰化钾。完全溶解后,用蒸馏水稀释到 1000 mL,贮存于具橡皮塞玻璃瓶中。

(3)0.1%葡萄糖标准溶液 准确称取 1.000 g 经 98~100 ℃ 干燥至恒重的无水葡萄糖,加蒸馏水溶解后移入 1000 mL 容量瓶中,加入 5 mL 浓盐酸(防止微生物生长),用蒸馏水稀释到 1000 mL。

(4)6 mol/L HCl 溶液 取 250 mL 浓盐酸(35%~38%),用蒸馏水稀释到 500 mL。

(5)碘-碘化钾溶液 称取 5 g 碘、10 g 碘化钾,溶于 100 mL 蒸馏水中。

(6)6 mol/L NaOH 溶液 称取 120 g NaOH,溶于 500 mL 蒸馏水中。

2. 设备与仪器

电热恒温水浴锅、调温电炉、250 mL 三角烧瓶、滴定管等。

四、实训步骤

1. 菲林试剂的标定

准确吸取菲林试剂甲液和乙液各 5.00 mL,置于 250 mL 三角烧瓶中,加蒸馏水 10 mL,加玻璃珠 3 粒。从滴定管中滴加约 9 mL 葡萄糖标准溶液,加热,使其在 2 min 内沸腾。准确沸腾 30 s,趁热以每 2 s 1 滴的速度继续滴加葡萄糖标准溶液,以溶液蓝色刚好褪去为终点。记录所消耗葡萄糖标准溶液的总体积。平行操作 3 次,取其平均值,按下式计算：

$$F = C \times V$$

式中：F—10 mL 菲林试剂相当于葡萄糖的量,mg；

C—葡萄糖标准溶液的浓度,mg/mL；

V—标定时消耗葡萄糖标准溶液的总体积,mL。

2. 样品糖的定量测定

(1) 样品溶液预测定　吸取菲林试剂甲液和乙液各 5.00 mL,置于 250 mL 三角烧瓶中,加蒸馏水 10 mL,加玻璃珠 3 粒。加热,使其在 2 min 内沸腾。准确沸腾 30 s,趁热以先快后慢的速度从滴定管中滴加样品溶液,滴定时要保持溶液呈沸腾状态。待溶液由蓝色变浅时,以每 2 s 1 滴的速度滴定,直至溶液的蓝色刚好褪去为终点。记录样品溶液所消耗的体积。

(2) 样品溶液测定　吸取菲林试剂甲液和乙液各 5.00 mL,置于 250 mL 三角烧瓶中,加蒸馏水 10 mL,加玻璃珠 3 粒。从滴定管中加入比预测试样品溶液消耗的总体积少 1 mL 的样品溶液,加热,使其在 2 min 内沸腾。准确沸腾 30 s,趁热以每 2 s 1 滴的速度继续滴加样液,以蓝色刚好褪去为终点。记录消耗样品溶液的总体积。平行操作 3 次,取其平均值。

3. 计算

计算公式如下：

$$还原糖（以葡萄糖计）= \frac{F \times V_1}{m \times V \times 1000} \times 100$$

$$总糖（以葡萄糖计）= \frac{F \times V_1}{m \times V \times 1000} \times 100$$

式中：m—样品重量,g；

F—10mL 菲林试剂相当于葡萄糖的量,mg；

V—标定时平均消耗葡萄糖标准溶液的总体积,mL；

V_1—还原糖或总糖样品溶液的总体积,mL；

1000—mg 换算成 g 的系数。

五、注意事项

1. 本法根据一定量的菲林试剂（Cu^{2+} 含量固定）消耗的样液量来计算样液中还原糖含量。反应体系中 Cu^{2+} 的含量是定量的基础,因此,在样品处理时,不能用铜盐作为澄清剂,以免样液中引入 Cu^{2+} 而得到错误的结果。

2. 菲林试剂甲液和乙液应分别贮存,用时才混合,否则,酒石酸钾钠铜络合物长期在碱性条件下会慢慢分解,析出氧化亚铜沉淀,使试剂有效浓度降低。

3. 滴定必须在沸腾条件下进行,其原因有两个：一是加快还原糖与 Cu^{2+} 的反应速度；二是亚甲基蓝的变色反应是可逆的,还原型的亚甲基蓝遇空气中的氧时会再被氧化为氧化型。

此外,氧化亚铜也极不稳定,易被空气中的氧所氧化。保持反应液沸腾可防止空气进入,避免亚甲基蓝和氧化亚铜被氧化而增加消耗量。

4. 滴定时不能随意摇动三角烧瓶,更不能把三角烧瓶从热源上取下来滴定,以防止空气进入反应溶液中。

5. 样品溶液应进行预测,其目的有两个:一是本法对样品溶液中还原糖浓度有一定要求(0.1%左右),测定时样品溶液的消耗体积应与标定葡萄糖标准溶液时消耗的体积相近,通过预测可了解样品溶液浓度是否合适,浓度过大或过小时应加以调整,使预测时消耗的样液量在10 mL左右;二是通过预测可以知道样液的大概消耗量,以便在正式测定时,预先加入比实际用量少1 mL左右的样液,只留下1 mL左右样液在继续滴定时加入,以保证在1 min之内完成继续滴定工作,提高测定的准确度。

6. 必须严格控制反应液的体积,标定和测定时消耗的体积应接近,使反应体系的碱度一致。热源一般采用800 W电炉,待电炉温度恒定后才能加热。热源强度应控制在使反应液在2 min内沸腾,且应保持一致,否则,加热至沸腾所需时间就会不同,引起蒸发量不同,使反应液碱度发生变化,从而引入误差。沸腾时间和滴定速度对结果影响也较大,一般沸腾时间短,消耗糖量多;反之,消耗糖量少。滴定速度过快,消耗糖量多;反之,消耗糖量少。因此,测定时应严格控制上述条件,力求一致。平行试验的样液消耗量相差不应超过0.1 mL。

六、实训作业

1. 在菲林试剂比色法中,为什么可以用亚甲基蓝作为滴定终点的指示剂?
2. 用菲林试剂测定还原糖时,为什么整个滴定过程必须使溶液处于沸腾状态?
3. 用菲林试剂比色法时,为什么必须用已知浓度的葡萄糖标准溶液标定碱性酒石酸铜溶液?
4. 在菲林试剂比色法中,样品溶液预测定有何作用?
5. 在菲林试剂比色法中,影响测定结果的主要操作因素是什么?为什么必须严格控制实验条件和操作步骤?

方法三　高效液相色谱法(HPLC)

一、实训目的

1. 学习和掌握高效液相色谱法的原理。
2. 掌握高效液相色谱法测定可溶性糖含量的方法及注意事项。

二、实训原理

高效液相色谱法测定可溶性糖含量的步骤相对简单,不用衍生化,对单糖和低聚糖的分析效果较好。用于糖分的较好的分离柱是Waters Sugar PAK I 氨基色谱柱,由于其价格昂贵,故大多数使用的是 Waters NH₂ 氨基色谱柱(4.6 mm×250 mm)。另外,也有关于 Waters Sugar PAKⅠ阳离子交换树脂色谱柱分离效果的研究。与 Waters Sugar PAKⅠ氨基色谱柱相比,Waters NH₂ 氨基色谱柱有以下优越性:

(1)对柱温要求不高,大多数实验室的柱温箱都能达到所要求的温度。

(2)Waters NH₂ 氨基色谱柱的价格仅为 Waters Sugar PAKⅠ氨基色谱柱的1/4。

(3)氨基色谱柱使用了乙腈—水作流动相,可通过调节有机相与无机相的比例来实现对样品中单糖和双糖的同时分离。而 Waters Sugar PAKⅠ氨基色谱柱采用水作流动相,不能同时分离单糖和双糖。

在用高效液相色谱法测定可溶性糖含量时,一般选用示差折光检测器(RID)。RID 对压力、温度及流速的变化很敏感,对于糖类样品的进样量为 40~4000 μg,进样量与峰面积的响应呈线性关系,但与峰高的响应不呈线性关系。RID 属中等灵敏度,其线性关系的最低敏感量为 20 μg,因此,在使用 RID 时,应掌握好样品的称样量,在测定时尽量将温度变化控制在 1 ℃以内,并使其流动相充分进入参比池,减少测定误差。近年来,一种新型的通用型质量检测器——蒸发光散射检测器得到广泛应用,它是基于不挥发性样品颗粒对光的散射程度与其质量成正比而进行检测的,对没有紫外吸收、荧光或电活性的物质以及产生末端紫外吸收的物质均能产生响应。它具有稳定性好、灵敏度高、无溶剂峰干扰等优点,弥补了传统的示差折光检测器的不足。虽然也有用其他检测器检测糖的研究,但其检测效果都不如以上两种好。

在分离糖的操作中,流动相多以乙腈和水相互配比来检测,比例一般在 70∶30 和 85∶15 之间。研究发现,水的比例越高,分离速度越快,但是会出现果糖和葡萄糖色谱峰的重叠,分离效果下降。反之亦然。流动相的流速同样会影响分离效果,流速增大时,可以缩短保留时间,但分离效果下降。流速过快还会增加色谱柱的柱压,有损色谱柱的使用寿命,每种色谱柱都有配合柱效的最佳流速,可作为流速的参考值。一般的氨基柱流速都可在 0.4~1.0 mL/min 范围内变动。另外,检测温度也会影响色谱的检测结果。研究发现,提高检测温度可以缩短保留时间,但是分离效果下降;降低检测温度有利于提高峰的分离度,实践中的检测温度为 25~40 ℃。除此之外,样品的提取方式以及流动相的 pH 也会影响分离效果。一般用水或者中性的有机试剂进行提取。检测弱酸性物质时,可降低流动相的 pH(加入适量冰醋酸),防止样品在检测过程中的离子化;检测碱性物质时,则可以增大流动相的 pH(加入适量氨水),防止样品离子化。在检测糖类物质的过程中发现,酸性环境不利于样品提取液的长时间放置,尤其对于蔗糖含量较高的样品,蔗糖的分解更为明显。有人用 0.01 mol/L NaOH 溶液和水提取烟草中葡萄糖、果糖和蔗糖,二者对 3 种糖的提取效率相当。但烟草中含有多种酸,烟草样品的水提取液也呈偏酸性,其中的柠檬酸、酒石酸等酸性物质可催化蔗糖分解。当使用 0.01 mol/L NaOH 溶液进行试样提取时,稀的 NaOH 溶液会中和样品提取溶液中的酸,使样品提取溶液呈碱性,可在较长的时间内有效地抑制蔗糖的分解,确保测试结果的真实性。在流动相中加入 1‰氨水也会提高分离效果,增强检测的准确度。

在实际检测中,由于仪器和实验条件以及检测样品的不同,每次进行分离检测时,最佳条件也会稍有差异。如用 Waters NH_2 氨基色谱柱,柱温为 40 ℃,使用示差折光检测器,乙腈－水(85∶15,V/V)作为流动相,流速为 1.0 mL/min,在 20 min 内完成食品中单糖和双糖的测定,效果比较理想。而用 Agilent Zorbax carbohydrate 色谱柱(46 mm×250 mm),流动相为乙腈－水(80∶20,V/V),流速为 1 mL/min,柱温为 35 ℃,使用示差折光检测器,检测池温度为 35 ℃,进样量为 10 L,也能得到较好的分离检测效果。因此,具体的检测条件还需要根据自己的需要选取。

离子色谱法(IC)和高效液相色谱－质谱联用法(HPLC－MS)都有分析糖类物质的相关报道,用这些方法分析糖类物质都无须进行柱前衍生化操作。电喷雾离子化技术在用高效液相色谱－质谱联用法对糖类物质进行定量时得到广泛的应用。高效液相色谱－质谱联用法分析糖的灵敏度很高,分析速度较快,非常适合对痕量糖类的定性定量分析。另外,各种技术的联用也是目前方法研究及仪器开发的热点。

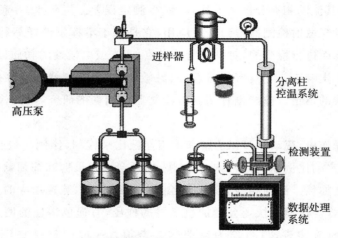

图 6-1　高效液相色谱主要结构

三、实训材料和设备

1. 试剂与材料

(1)流动相　水(用 0.45 μm 微孔过滤器过滤并脱气)。

(2)混合离子交换树脂　阳离子交换树脂(pH 4.0～5.0)与弱碱性离子交换树脂(pH 6.0～7.0)等量混合。

(3)混合标准溶液　精密称取葡萄糖、麦芽糖、三聚糖、四聚糖、五聚糖、六聚糖、七聚糖、八聚糖、九聚糖、十聚糖标准品,配成浓度为 2%～10% 的溶液。

2. 设备与仪器

高效液相色谱仪:双泵,示差折光检测器;色谱柱:8 mm×100 mm 糖分析专用柱 Dextro－PAK Radial－PAKTM Cartridge;净化柱:SEP－PAK C18 Cartridge;Z 型加压组件或 RCM－100

型加压组件;微量进样器 25 μL。

四、实训步骤

1. 试样准备

将发酵液注入 SEP－PAK C18 柱,收集滤液,用 0.45 μm 微孔滤膜过滤,备用。

2. 测定条件

(1)流速　1.0 mL/min。

(2)进样量　20 μL。

(3)温度　室温。

3. 测定

注入糖标准溶液各 10 μL,进行液相色谱分析;注入试样溶液 10 μL,进行液相色谱分析。

4. 计算

用外标法定量,经色谱工作站数据处理直接给出分析结果。

实训五　麦芽糖化力检测

一、实训目的

1. 掌握麦芽糖化力的定义。
2. 掌握碘量法测定还原糖的原理和方法。

二、实训原理

麦芽浸出液中存在多种酶,其中,能够水解淀粉质多糖的糖苷键形成低聚糖和单糖等产物的一类酶统称为"淀粉酶"(包括 α－淀粉酶和 β－淀粉酶)。糖化力是指所有淀粉酶水解淀粉生成单糖或双糖的能力。淀粉酶水解淀粉生成含有自由醛基的单糖或双糖,醛糖在碱性碘液中定量氧化为相应的羧酸。剩余的碘酸化后以淀粉作指示剂,用 $Na_2S_2O_3$ 标准溶液滴定。主要反应如下。

(1)淀粉在麦芽浸出液中淀粉酶的作用下,水解成含有醛基的单糖或双糖。

$$(C_6H_{10}O_5)_n + nH_2O \rightarrow nC_6H_{12}O_6$$

(2)醛糖在碱性碘液中定量氧化为相应的羧酸。

$$I_2 + 2NaOH \rightarrow NaIO + NaI + H_2O$$

$$CH_2OH(CHOH)_4CHO + NaIO \rightarrow CH_2OH(CHOH)_4COOH + NaI$$

(3)过量未作用的 $NaIO$ 在碱性条件下发生歧化反应。

$$3NaIO \rightarrow NaIO_3 + 2NaI$$

(4)加入酸,使 $NaIO_3$ 和 NaI 在酸性条件下发生氧化还原反应,析出过量的碘。

$$NaIO_3 + 5NaI + 3H_2SO_4 \rightarrow 3I_2 + 3Na_2SO_4 + 3H_2O$$

(5)析出的碘以淀粉为指示剂,用 $Na_2S_2O_3$ 标准溶液滴定。

$$2Na_2S_2O_3 + I_2 \rightarrow Na_2S_4O_6 + 2NaI$$

三、实训材料和设备

1. 样品

可溶性淀粉、麦芽粉等。

2. 设备与仪器

电子天平(0.1 mg)、电热恒温水浴锅、容量瓶、酸碱滴定装置等。

3. 试剂

(1)2%可溶性淀粉溶液　称取预先在 100~105 ℃ 干燥的可溶性淀粉 10.00 g,加入少量水调成糊状,在不断搅拌下注入 300 mL 沸水中,将残余淀粉糊用少量蒸馏水洗入沸水中,继续煮沸至透明,迅速冷却至 20 ℃,用 20 ℃ 水定容至 500 mL。

(2)乙酸—乙酸钠缓冲液　量取 30 mL 冰乙酸,加水稀释并定容至 1000 mL,另称取 34 g 乙酸钠,加水溶解并定容至 500 mL,将两溶液混匀备用。

(3)1 mol/L NaOH 标准溶液　称取 40 g NaOH,用水溶解并定容至 1000 mL。

(4)0.1 mol/L 碘溶液　称取 36 g KI,溶于 50 mL 水中,在不断搅拌下加入 13 g I_2,完全溶解后定容至 1000 mL,贮于棕色瓶中,密闭,避光保存。

(5)0.5 mol/L H_2SO_4 溶液　量取 2.8 mL 浓硫酸,缓慢倒入适量水中,定容至 100 mL。

(6)2 mol/L HCl 溶液　量取 17 mL 浓盐酸,倒入适量水中,定容至 100 mL。

(7)0.5%淀粉指示剂　称取 0.5 g 可溶性淀粉,用少量水调匀,注入 80 mL 沸水中,继续煮沸至透明,冷却后定容至 100 mL(临用前现配)。

(8)0.1 mol/L $Na_2S_2O_3$ 标准溶液　称取 25 g $Na_2S_2O_3 \cdot 5H_2O$ 和 0.1 g Na_2CO_3,溶于刚煮沸冷却后的蒸馏水中,定容至 1000 mL,贮于棕色瓶中,在暗处放置 3~5 d 后标定。

四、实训步骤

1. $Na_2S_2O_3$ 溶液的标定

称取于 130 ℃ 干燥 2 h 的 $K_2Cr_2O_7$ 2 份,每份 0.15 g,分别置于 2 个碘量瓶中,用 25 mL 水溶解,加 KI 2 g、2 mol/L HCl 溶液 5 mL,摇匀,于暗处反应 10 min。然后加水 150 mL,立即用待标定的 $Na_2S_2O_3$ 溶液滴定至浅黄色,加入 3 mL 0.5%淀粉指示剂,继续滴定,溶液由蓝色变为亮绿色时(蓝色消失)为终点。

$Na_2S_2O_3$ 标准溶液浓度的计算：

$$c(Na_2S_2O_3) = \frac{6m}{MV} \times 1000$$

式中：$c(Na_2S_2O_3)$ ——标定后 $Na_2S_2O_3$ 溶液的浓度，mol/L；

m —— $K_2Cr_2O_7$ 的质量，g；

V ——滴定消耗的 $Na_2S_2O_3$ 溶液的体积，mL；

M —— $K_2Cr_2O_7$ 的摩尔质量，g/mol。

2. 麦芽浸出液的制备

称取粉碎麦芽粉 20 g，置于已知质量的糖化杯（或烧杯）中，加入约 20 ℃蒸馏水 480 mL；将烧杯置于 40 ℃水浴锅中搅拌，水浴 1 h，浸出淀粉酶。取出烧杯，冷却至 20 ℃，加 20 ℃蒸馏水使其净重为 520 g，摇匀，用滤纸过滤，滤液供分析用。

3. 糖化

取 4 个 200 mL 的容量瓶，编号，其中 1、2 号作样品测定用，3、4 号作空白测定用，每瓶加入 2% 可溶性淀粉溶液 100 mL。向 1、2 号瓶中分别加入乙酸-乙酸钠缓冲液 10 mL，摇匀。在 20 ℃水浴中保温 20 min 后，加入 5 mL 麦芽浸出液，摇匀。在 20 ℃水浴中保温糖化 30 min，保温时间从加入麦芽浸出液时算起。糖化结束后，立即加入 4 mL 1 mol/L NaOH 溶液，以终止酶的活动，摇匀，用水定容至 200 mL。向 3、4 号瓶中分别加入 0.65 mL 1 mol/L NaOH 溶液，摇匀，再各加 5 mL 麦芽浸出液，摇匀，用水定容至 200 mL。

4. 酶活力的测定

从以上 4 个容量瓶中分别吸取反应液 50 mL，分别加入 4 个 250 mL 的容量瓶中，再分别加入 25 mL 0.1 mol/L 碘液和 3 mL 1 mol/L NaOH 溶液，摇匀，盖塞，在暗处放置 15 min，以氧化还原性的糖。反应结束后，向各瓶中分别加入 4.5 mL 0.5 mol/L H_2SO_4 溶液，立即用 $Na_2S_2O_3$ 标准溶液滴定至蓝色刚好消失，记录滴定时消耗的 $Na_2S_2O_3$ 标准溶液体积。

5. 记录

样品质量 m	$Na_2S_2O_3$ 溶液浓度 c	$Na_2S_2O_3$ 溶液体积 V_1	$Na_2S_2O_3$ 溶液体积 V_2	$Na_2S_2O_3$ 溶液体积 V_3	$Na_2S_2O_3$ 溶液体积 V_4

6. 计算

$$X = \frac{(V_1 - V_2) \times c \times 342}{1 - W_0}$$

式中：X —— 100g 无水麦芽的糖化力，WK；

V_1 ——空白滴定消耗 $Na_2S_2O_3$ 溶液的体积（3、4 号瓶的平均值），mL；

V_2 ——样品滴定消耗 $Na_2S_2O_3$ 溶液的体积（1、2 号瓶的平均值），mL；

c —— $Na_2S_2O_3$ 标准溶液的浓度，mol/L；

W_0—麦芽中水分的质量分数；

342—转换系数。

五、注意事项

1. 100 g 无水麦芽在 20 ℃、pH 4.0 的条件下分解可溶性淀粉 30 min，产生 1 g 麦芽糖称为 1 个维柯（WK）糖化力单位。

2. 转换系数 342 由以下公式计算而得：

$$转换系数 = 0.171 \times 200/50 \times 500/5 \times 100/m$$

式中：0.171—1 mmol 麦芽糖的质量为 0.171 g；

m—样品的质量，g；

当所用的麦芽样品质量为 20 g 时，转换系数为 342。

3. 在淀粉糖的实际生产过程中，淀粉先经耐高温 α－淀粉酶和液化喷射器共同作用完成液化，将长链淀粉随机切割成短链，再由糖化酶从短链淀粉分子非还原性末端降解 α－1,4 糖苷键，生成游离葡萄糖。在糖化酶活力测定时，只能用糖化酶直接从淀粉的非还原性末端分解 α－1,4 糖苷键，测定的酶活力可能比实际生产中用的酶活力低一些。

4. 结晶的 $Na_2S_2O_3 \cdot 5H_2O$ 一般均含有少量杂质，同时还容易风化和潮解，需用间接法配制。$Na_2S_2O_3$ 容易受空气中的 O_2、溶解在水中的 CO_2、微生物和光照等作用而分解，它在碱性介质中比较稳定。所以在配制溶液时，为了减少溶解在水中的 CO_2 和杀灭水中的微生物，应使用新煮沸的冷蒸馏水配制溶液，并加入少量的 Na_2CO_3，浓度约为 0.02%，以维持溶液的微碱性，防止 $Na_2S_2O_3$ 分解。日光能促使 $Na_2S_2O_3$ 溶液分解，故 $Na_2S_2O_3$ 溶液应贮于棕色瓶中，并放置于暗处。长期保存的溶液，应每隔一段时间重新标定。如发现溶液变浑浊（有固体析出），应过滤后重新标定或重新配制。

5. 标定 $Na_2S_2O_3$ 溶液时，常选用强氧化剂如 KIO_3、$KBrO_3$ 或 $K_2Cr_2O_7$ 等作基准物质，这些物质均能与 KI 反应，析出定量的 I_2。

实训六 酒精含量的测定

方法一 密度瓶法

一、实训目的

1. 掌握密度瓶法测定酒精度的原理。

2.掌握密度瓶法测定酒精度的方法和步骤。

二、实训原理

以蒸馏法去除样品中的不挥发性物质，用密度瓶法测出试样（酒精水溶液）20 ℃时的密度，查表求得 20 ℃时乙醇含量的体积分数，即为酒精度。

三、实训材料和设备

含酒精发酵液、全玻璃蒸馏器、恒温水浴、附温度计密度瓶等。

四、实训步骤

1. 试样液的制备

用一个干燥、洁净的 100 mL 容量瓶准确量取 100 mL 样品（液温 20 ℃），加入 500 mL 蒸馏瓶中，用 50 mL 水分 3 次冲洗容量瓶，将洗液并入蒸馏瓶中，加几颗沸石或玻璃珠。连接蛇形冷却管，以取样用的原容量瓶作接收器（外加冰浴），开启冷却水（冷却水温度宜低于 15 ℃），缓慢加热蒸馏（沸腾后的蒸馏时间应控制在 30～40 min 内），收集馏出液。当接近刻度时，取下容量瓶，盖塞，于 20 ℃水浴中保温 30 min，再补加水至刻度，混匀后备用。

2. 分析步骤

将密度瓶洗净，反复烘干、称量，直至恒重（m）。取下带温度计的瓶塞，将煮沸后冷却至 15 ℃的水注满已恒重的密度瓶，插上带温度计的瓶塞（瓶中不得有气泡），立即浸入（20.0±0.1）℃恒温水浴中。待内容物温度达 20 ℃并保持 20 min 不变后，用滤纸快速吸去溢出侧管的液体，立即盖好侧支上的小罩，取出密度瓶，用滤纸擦干瓶外壁上的水液，立即称量质量（m_1）。将水倒出，用无水乙醇和乙醚先后冲洗密度瓶，吹干（或于烘箱中烘干），用试样液反复冲洗密度瓶 3～5 次，然后装满。重复上述操作，称量质量（m_2）。

3. 结果计算

试样液（20 ℃）的相对密度按下式计算：

$$d = \frac{m_2 - m}{m_1 - m}$$

式中：d——试样液（20 ℃）的相对密度；

m_2——密度瓶和试样液的质量，单位为 g；

m——密度瓶的质量，单位为 g；

m_1——密度瓶和水的质量，单位为 g。

根据试样的相对密度，查表求得 20 ℃时样品的酒精度。所得结果保留一位小数。

方法二 酒精计法

一、实训目的

1. 掌握酒精计法测定酒精度的原理。
2. 掌握酒精计法测定酒精度的方法和步骤。

二、实训原理

用精密酒精计读取酒精体积分数示值,查表进行温度校正,求得 20 ℃时乙醇含量的体积分数,即为酒精度。

三、实训材料和设备

含酒精发酵液。
精密酒精计:分度值为 0.1%Vol。

四、实训步骤

将试样液(密度瓶法制备)注入洁净、干燥的量筒中,静置数分钟。待酒中气泡消失后,放入洁净、擦干的酒精计,再轻轻按一下,不应接触量筒壁,同时插入温度计,平衡约 5 min。水平观测,读取与弯月面相切处的刻度示值,同时记录温度。根据测得的酒精计示值和温度,查表并换算为 20 ℃时样品的酒精度。所得结果保留一位小数。

五、讨论

1. 样品在装瓶前的温度必须低于 20 ℃,若高于 20 ℃,恒温时会因液体收缩而使瓶内样品不满,从而带来误差。
2. 当室温高于 20 ℃时,称量过程中会有水蒸气冷凝在密度瓶外壁,从而使质量增加,因此,要求称量操作非常迅速。为此,可先将密度瓶初称一次,将平衡砝码全部加好,然后将密度瓶用绸布再次擦干,放入天平,迅速读取平衡点刻度。
3. 密度瓶所带温度计最高刻度为 40 ℃,干燥时不得放入烘箱或在高于 40 ℃的其他环境中干燥。
4. 酒精计要注意保持清洁,因为油污将改变酒精计表面对酒精液浸润的特性,影响表面张力的方向,使读数产生误差。
5. 盛样品所用量筒要放在水平的桌面上,使量筒与桌面垂直。不要用手握住量筒,以免样品的局部温度升高。
6. 注入样品时,要尽量避免搅动,以减少气泡混入。注入样品的量以放入酒精计后液面稍低于量筒口为宜。

7. 读数前,要仔细观察样品,待气泡消失后再读数。

8. 读数时,可先使眼睛稍低于液面,然后慢慢抬高头部,当看到的椭圆形液面变成一直线时,即可读取此直线与酒精计相交处的刻度。

实训七　啤酒酸度的测定

一、实训目的

1. 了解啤酒总酸的测定原理。
2. 掌握啤酒总酸的测定方法。

二、实训原理

啤酒的总酸是衡量啤酒中各种酸总量的指标,用中和 100 mL 脱气啤酒至 pH 9.0 所消耗的 0.1 mol/L 氢氧化钠标准溶液的体积表示,单位为 mL。小于或等于 120mL 的啤酒总酸应消耗小于或等于 2.6 mL 的 0.1 mol/L 氢氧化钠标准溶液。利用酸碱中和原理,用氢氧化钠标准溶液直接滴定一定量的样品溶液,用酸度计(pH 计)指示滴定终点,当 pH 为 9.0 时,即为滴定终点。

三、实训材料和设备

啤酒、酸度计(pH 计)、电磁搅拌器、恒温水浴锅、碱式滴定管、移液管等。

四、实训步骤

1. 酸度计(pH 计)的校正

按仪器使用说明书的要求对玻璃电极和甘汞电极进行预处理。取下饱和甘汞电极胶帽及加液孔胶塞和下端的胶帽,用 pH 9.22(20 ℃)标准缓冲溶液校正。

2. 样品的处理

用移液管吸取 50.00 mL 已除气的样品置于 100 mL 烧杯中,于 40 ℃ 恒温水浴中保温 30 min,并不时振摇和搅拌,以除去残余的二氧化碳,取出冷却至温室。

3. 样品的测量

将盛有样品的烧杯置于电磁搅拌器上,投入玻璃或塑料铁芯搅拌子,插入玻璃电极和饱和甘汞电极,开动电磁搅拌器,用氢氧化钠标准溶液滴定至 pH 9.0 即为终点。记录氢氧化钠标准溶液的用量。

4. 结果计算

$$X = 2cV$$

式中：X——样品的总酸含量(mL/100mL)；

c——氢氧化钠标准溶液的浓度(mol/L)；

V——滴定所消耗氢氧化钠标准溶液的体积(mL)。

计算结果保留两位小数。

五、注意事项

1. 在滴定过程中，溶液的 pH 没有明显的突跃变化，所以近终点时滴定要慢，以减少终点时的误差。

2. 平行测定结果的允许差为≤0.1%。

实训八　发酵液蛋白质浓度的测定

蛋白质含量测定法是生物化学研究中最常用、最基本的分析方法之一。目前，常用的有 4 种古老的经典方法，即定氮法、双缩脲法(Biuret 法)、Folin－酚试剂法(Lowry 法)和紫外吸收法。另外，还有一种近年来才普遍使用起来的新测定法，即考马斯亮蓝法(Bradford 法)。其中 Bradford 法和 Lowry 法灵敏度最高，比紫外吸收法的灵敏度高 10～20 倍，比 Biuret 法的灵敏度高 100 倍以上。定氮法虽然比较复杂，但较准确，往往以定氮法测定的蛋白质含量作为其他方法测定的标准。

值得注意的是，上述后 4 种方法并不能在任何条件下都适用于任何形式的蛋白质，因为一种蛋白质溶液用这 4 种方法测定，有可能得出 4 种不同的结果。每种测定法都不是完美无缺的，都有其优缺点。在选择方法时应考虑下列因素：实验对测定所要求的灵敏度和精确度；蛋白质的性质；溶液中存在的干扰物质；测定所要花费的时间。考马斯亮蓝法(Bradford 法)因其突出的优点而得到越来越广泛的应用。

方法一　微量凯氏(Kjeldahl)定氮法

一、实训目的

1. 学习凯氏定氮法的原理。

2. 掌握凯氏定氮法的操作方法。

二、实训原理

常用凯氏定氮法测定天然有机物(如蛋白质、核酸及氨基酸等)的含氮量。含氮的有机物与浓硫酸共热时,其中的碳、氢元素被氧化成二氧化碳和水,而氮则转变成氨,并进一步与硫酸作用生成硫酸铵,此过程通常称为"消化"。但是,这个反应进行得比较缓慢,通常需要加入硫酸钾或硫酸钠,以提高反应液的沸点,并加入硫酸铜作为催化剂,以促进反应的进行。甘氨酸的消化过程可表示如下:

$$CH_2NH_2COOH + 3H_2SO_4 \rightarrow 2CO_2 + 3SO_2 + 4H_2O + NH_3$$
$$2NH_3 + H_2SO_4 \rightarrow (NH_4)_2SO_4$$

浓碱可使消化液中的硫酸铵分解,游离出氨,借水蒸气将产生的氨蒸馏到一定量、一定浓度的硼酸溶液中。硼酸吸收氨后使溶液中的氢离子浓度降低,然后用标准无机酸滴定,直至恢复溶液中原来的氢离子浓度为止。最后根据所用标准酸的摩尔数(相当于待测物中氨的摩尔数)计算出待测物中的总氮量。

三、实训材料

1. 消化液 200 mL。
2. 16 g 粉末硫酸钾—硫酸铜混合物:K_2SO_4 与 $CuSO_4 \cdot 5H_2O$ 按照(1~3):1 配比,研磨混合。
3. 30% NaOH 溶液 1000 mL。
4. 2% 硼酸溶液。
5. 标准盐酸溶液(约 0.01 mol/L)。
6. 混合指示剂(田氏指示剂):由 50 mL 0.1% 亚甲蓝乙醇溶液与 200 mL 0.1% 甲基红乙醇溶液混合配成,贮于棕色瓶中备用。这种指示剂在酸性时为紫红色,在碱性时为绿色。该指示剂的变色范围很窄,灵敏度高。
7. 样品:麦芽,经干燥粉碎后备用。

四、实训步骤

1. 凯氏定氮仪的构造和安装

凯氏定氮仪由蒸汽发生器、反应管及冷凝器三部分组成。蒸汽发生器包括电炉及1个1~2 L 容积的烧瓶。蒸汽发生器借助橡皮管与反应管相连,反应管上端有一个玻璃杯,其上端通过反应室外层与蒸汽发生器相连,下端靠近反应室的底部。反应室外层下端有一开口,上有一皮管夹,由此可放出冷凝水及反应废液。反应产生的氨可通过反应室上端细管及冷凝器通到吸收瓶中,反应管及冷凝器之间借磨口连接起来,防止漏气。安装仪器时,先将冷凝器垂直固定在铁支台上,冷凝器下端不要距离实验台太近,以免放不下吸收瓶。然后将反应管通过磨口连接与冷凝器相连,根据仪器本身的角度将反应管固定在另一铁支台上。这一点务必注意,否则容易引起氨的散失及反应室上端弯管折断。然后将蒸汽发生器放在电炉上,并用橡皮管把蒸汽发生器与反应管连接起来。安装完毕后,不得轻易移动,以免仪器损坏。

2. 样品处理

某一固体样品中的含氮量是用 100 g 该物质(干重)中所含氮的克数来表示的(%)。因此,在定氮前,应先将固体样品中的水分除掉。一般样品烘干的温度都采用 105 ℃,因为非游离的水都不能在 100 ℃ 以下烘干。向称量瓶中加入一定量磨细的样品,然后置于 105 ℃ 的烘箱内干燥 4 h。用坩埚钳将称量瓶放入干燥器内,待降至室温后称重,按上述操作继续烘干样品。每干燥 1 h 后称重 1 次,直到两次称量数值不变,即达恒重。若样品为液体(如血清等),可取一定体积样品直接消化测定。精确称取 0.1 g 左右的干燥麦芽粉作为样品。

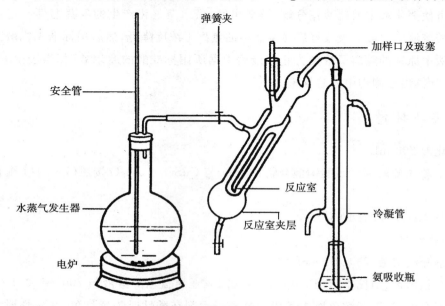

图 6-2 微量凯氏定氮仪

图 6-3 自动凯氏定氮仪

3. 消化

取 4 个 100 mL 凯氏烧瓶或 50 mL 消化管并标号。各加 1 颗玻璃珠,在 1、2 号瓶中各加样品 0.1 g、催化剂(K_2SO_4－$CuSO_4 \cdot 5H_2O$)200 mg、消化液 5 mL。加样品时应直接送入瓶底,不要沾在瓶口和瓶颈上。在 3、4 号瓶中各加 0 mL、1 mL 蒸馏水以及与 1、2 号瓶相同量的催化剂和浓硫酸,作为对照,用以测定试剂中可能含有的微量含氮物质。每个瓶口放一漏斗,在通风橱内的电炉上消化。在消化开始时,应控制火力,不要使液体冲到瓶颈。待瓶内水汽蒸完,硫酸开始分解并放出 SO_2 白烟后,适当加强火力,继续消化,直至消化液呈透明淡绿色为止。消化完毕,等烧瓶中溶物冷却后,加蒸馏水 10 mL(要慢加,边加边摇)。冷却后将瓶中溶物倾入 50 mL 容量瓶中,并以蒸馏水洗烧瓶数次,将洗液并入容量瓶。用水稀释到刻度,混匀备用。

4. 蒸馏

(1)蒸馏器的洗涤 蒸汽发生器中盛有用几滴硫酸酸化的蒸馏水。关闭皮管夹,将蒸汽发生器中的水烧开,让蒸气通过整个仪器。约 15 min 后,在冷凝器下端放一个盛有 5 mL 2% 硼酸溶液和 1~2 滴指示剂混合液的三角烧瓶。位置倾斜,冷凝器下端应完全浸没在液体中,继续用蒸汽洗涤 1~2 min,观察三角烧瓶内的溶液是否变色,如不变色,则证明蒸馏装置内部已洗涤干净。向下移动三角烧瓶,使硼酸液面离开冷凝管口约 1 cm,继续通蒸汽 1 min。用水冲洗冷凝管口后,用手捏紧橡皮管。此时,由于反应室外层蒸汽冷缩,压力减低,反应室内凝结的水可自动吸出进入反应室外层。最后打开皮管夹,将废水排出。

(2)蒸馏 取 50 mL 三角烧瓶数个,各加 5 mL 硼酸和 1~2 滴指示剂,溶液呈紫色,用表面皿覆盖备用。用吸管取 10 mL 消化液,小心地由蒸馏器小玻璃杯注入反应室,塞紧棒状玻塞。将一个含有硼酸和指示剂的三角烧瓶放在冷凝器下,使冷凝器下端浸没在液体内。用量筒取 30% NaOH 溶液 10 mL 放入小玻璃杯,轻提棒状玻璃塞,使之流入反应室(为了防止冷凝管倒吸,液体流入反应室必须缓慢)。尚未完全流入时,将玻璃塞盖紧,向玻璃杯中加入约 5 mL 蒸馏水。再轻提玻璃塞,使一半蒸馏水慢慢流入反应室,一半留在玻璃杯中作水封。加热蒸汽发生器,沸腾后夹紧皮管夹,开始蒸馏。此时三角烧瓶中的酸溶液由紫色变成绿色。自开始变色起计时,蒸馏 3~5 min。移动三角烧瓶,使硼酸液面离开冷凝管约 1 cm,并用少量蒸馏水洗涤冷凝管口外面。继续蒸馏 1 min,移开三角烧瓶,用表面皿覆盖三角烧瓶。

蒸馏完毕后,须将反应室洗涤干净。在小玻璃杯中倒入蒸馏水,待蒸汽很足、反应室外层温度很高时,一手轻提棒状玻璃塞,使冷水流入反应室,同时立即用另一只手捏紧橡皮管,则反应室外层内蒸汽冷缩,可将反应室中残液自动吸出。再将蒸馏水自玻璃杯倒入反应室,重复上述操作。如此冲洗几次后,将皮管夹打开,将反应室外层中废液排出,再进行下一个蒸馏操作。待样品和空白消化液均蒸馏完毕后,同时进行滴定。

(3)滴定 全部蒸馏完毕后,用标准盐酸溶液滴定各三角烧瓶中收集的氨量,以硼酸指示剂溶液由绿色变成淡紫色为滴定终点。

(4) 计算。

$$总氮量 = \frac{(V_1 - V_2) \times c \times 0.014 \times 消化液量}{滴定液消耗量 \times W}$$

式中：c——标准盐酸溶液摩尔浓度；

V_1——滴定样品用去的盐酸溶液平均毫升数；

V_2——滴定空白消化液用去的盐酸溶液平均毫升数；

W——样品重量，g；

0.014——氮的相对原子质量，kg。

若测定的样品含氮部分只是蛋白质，则样品中蛋白质含量(%)＝总氮量×6.25。若样品中除含有蛋白质外，尚有其他含氮物质，则需向样品中加入三氯乙酸，然后测定未加三氯乙酸的样品及加入三氯乙酸后样品上清液中的含氮量，得出非蛋白氮量及总氮量，从而计算出蛋白氮量，再进一步计算出蛋白质含量。

$$蛋白氮量 = 总氮量 - 非蛋白氮量$$

$$蛋白质含量(\%) = 蛋白氮量 \times 6.25$$

方法二　双缩脲反应

一、实训目的

1. 掌握双缩脲反应测定蛋白质的原理。
2. 学习双缩脲反应测定蛋白质的操作方法。

二、实训原理

双缩脲($NH_3CONHCONH_3$)是2分子脲经180 ℃左右加热，放出1分子氨后得到的产物。在强碱性溶液中，双缩脲与$CuSO_4$形成紫色络合物，称为"双缩脲反应"。凡具有2个酰胺基或2个直接连接的肽键的化合物，或能通过1个中间碳原子相连的肽键，都有双缩脲反应。蛋白质分子中有肽键，其结构与双缩脲相似，也能发生此反应，可用于蛋白质的定性或定量测定。双缩脲反应不仅为含有2个以上肽键的物质所特有，含有1个肽键和1个—$CS—NH_2$、—$CH_2—NH_2$、—$CRH—NH_2$、—$CH_2—NH_2—CHNH_2—CH_2OH$ 或 $CHOHCH_2—NH_2$等基团的物质以及乙二酰二胺等也有此反应。NH_3会干扰此反应，因为NH_3与Cu^{2+}可生成暗蓝色的络离子$Cu(NH_3)_4^{2+}$。因此，一切蛋白质和多肽都有双缩脲反应，但有双缩脲反应的物质不一定都是蛋白质或多肽。

三、实训材料和设备

1. 试剂与材料

（1）标准蛋白质溶液　用标准的结晶牛血清白蛋白（BSA）或标准酪蛋白，配制成 10 mg/mL 的标准蛋白质溶液，可用 1 mg/mL BSA 溶液的 $A_{280}=0.66$ 来校正其纯度。如有需要，还可预先用微量凯氏定氮法测定标准蛋白质的蛋白氮含量，计算出其纯度，再根据其纯度称量，配制成标准蛋白质溶液。牛血清白蛋白用水或 0.9% NaCl 溶液配制，酪蛋白用 0.05 mol/L NaOH 溶液配制。

（2）双缩脲试剂　称取 1.50 g 硫酸铜（$CuSO_4 \cdot 5H_2O$）和 6.0 g 酒石酸钾钠（$KNaC_4H_4O_6 \cdot 4H_2O$），用 500 mL 水溶解，在搅拌下加入 300 mL 10% NaOH 溶液，用水稀释到 1 L，贮存于塑料瓶中（或内壁涂以石蜡的瓶中）。此试剂可长期保存。若贮存瓶中有黑色沉淀出现，则需要重新配制。

2. 设备与仪器

可见光分光光度计、大试管 15 支、旋涡混合器等。

四、实训步骤

1. 标准曲线的测定

取 12 支试管，分 2 组，分别加入 0 mL、0.2 mL、0.4 mL、0.6 mL、0.8 mL、1.0 mL 的标准蛋白质溶液，用水补足到 1 mL，然后加入 4 mL 双缩脲试剂。充分摇匀后，在室温（20～25 ℃）下放置 30 min，于 540 nm 处进行比色测定。用未加蛋白质溶液的第一支试管作为空白对照液。取两组测定的平均值，以蛋白质的含量为横坐标，光吸收值为纵坐标，绘制标准曲线。

2. 样品的测定

取 2～3 支试管，用上述同样的方法测定未知样品的蛋白质浓度。注意：样品浓度不要超过 10 mg/mL。

方法三　Folin－酚试剂法（Lowry 法）

一、实训目的

1. 掌握 Folin－酚试剂法检测蛋白质的原理。
2. 掌握 Folin－酚试剂法检测蛋白质的操作方法。

二、实训原理

这种测定法是最灵敏的蛋白质测定方法之一。过去此法是应用最广泛的一种方法，由于其试剂乙的配制较为困难（现在已可以订购），故近年来逐渐被考马斯亮蓝法所取代。此法的显色原理与双缩脲方法相同,只是加入了第二种试剂,即 Folin-酚试剂,以增加显色量,从而提高了蛋白质检测的灵敏度。这两种显色反应产生深蓝色的原因是:在碱性条件下,蛋白质中的肽键与铜结合生成复合物。Folin-酚试剂中的磷钼酸盐-磷钨酸盐被蛋白质中的酪氨酸和苯丙氨酸残基还原,产生深蓝色物质(钼蓝和钨蓝的混合物)。在一定的条件下,蓝色深度与蛋白质的量成正比。

Folin-酚试剂法最早由 Lowry 确定了蛋白质浓度测定的基本步骤,以后在生物化学领域得到广泛的应用。该测定法的优点是灵敏度高,比双缩脲法灵敏得多,缺点是花费时间较长,要精确控制操作时间,标准曲线也不是严格的直线,且专一性较差,干扰物质较多。对双缩脲反应产生干扰的离子同样容易干扰 Lowry 反应,而且对后者的影响还要大得多。酚类、柠檬酸、硫酸铵、Tris 缓冲液、甘氨酸、糖类、甘油等对其均有干扰作用。浓度较低的尿素(0.5%)、硫酸钠(1%)、硝酸钠(1%)、三氯乙酸(0.5%)、乙醇(5%)、乙醚(5%)、丙酮(0.5%)等溶液对显色无影响,但这些物质的浓度较高时,必须绘制校正曲线。含硫酸铵的溶液只需加浓碳酸钠-氢氧化钠溶液,即可显色测定。若样品酸度较高,显色后颜色会变浅,则必须将碳酸钠-氢氧化钠溶液的浓度提高 1~2 倍。在测定时,加 Folin-酚试剂时要特别小心,因为该试剂仅在酸性条件下稳定,而上述还原反应只在 pH 约为 10 的条件下发生,故当 Folin-酚试剂被加入碱性的铜-蛋白质溶液中时,必须立即混匀,以便在磷钼酸-磷钨酸试剂被破坏之前,还原反应能够发生。此法也适用于酪氨酸和色氨酸的定量测定。此法可检测的最低蛋白质量为 5 mg。通常测定范围为 20~250 mg。

三、实训材料和设备

1. 试剂与材料

(1)试剂甲　A 液:称取 10 g Na_2CO_3、2 g NaOH 和 0.25 g 酒石酸钾钠($KNaC_4H_4O_6 \cdot 4H_2O$),溶解于 500 mL 蒸馏水中。B 液:称取 0.5 g 硫酸铜($CuSO_4 \cdot 5H_2O$),溶解于 100 mL 蒸馏水中。每次使用前,将 50 份 A 与 1 份 B 混合,即为试剂甲。

(2)试剂乙　在 2 L 磨口回流瓶中,加入 100 g 钨酸钠($Na_2WO_4 \cdot 2H_2O$)、25 g 钼酸钠($Na_2MoO_4 \cdot 2H_2O$)及 700 mL 蒸馏水,再加 50 mL 85%磷酸、100 mL 浓盐酸,充分混合,接上回流管,以小火回流 10 h。回流结束后,加入 150 g 硫酸锂(Li_2SO_4)、50 mL 蒸馏水及数滴液体溴,开口继续沸腾 15 min,以便驱除过量的溴。冷却后溶液呈黄色(如仍呈绿色,须重复滴加液体溴的步骤)。稀释至 1 L,过滤,将滤液置于棕色试剂瓶中保存。使用时用标准 NaOH 溶液滴定,以酚酞作指示剂,然后适当稀释,约加 1 倍体积的水,使最终的酸浓度为 1 mol/L 左右。

(3)标准蛋白质溶液　精确称取结晶牛血清白蛋白或 G-球蛋白,溶于蒸馏水,浓度为 250 mg/mL 左右。若牛血清白蛋白溶于水后混浊,可改用 0.9% NaCl 溶液溶解。

2. 设备与仪器

可见光分光光度计、旋涡混合器、秒表、试管等。

四、实训步骤

1. 标准曲线的测定

取 16 支大试管,1 支作为空白,3 支留作加未知样品,其余试管分成 2 组,分别加入 0 mL、0.1 mL、0.2 mL、0.4 mL、0.6 mL、0.8 mL、1.0 mL 标准蛋白质溶液(浓度为 250 mg/mL)。用水补足到 1.0 mL,然后每支试管加入 5 mL 试剂甲,在旋涡混合器上迅速混合,在室温下(20~25 ℃)放置 10 min。再逐管加入 0.5 mL 试剂乙(Folin-酚试剂),同样立即混匀。这一步混合的速度要快,否则会使显色程度减弱。然后在室温下放置 30 min,以未加蛋白质溶液的第一支试管作为空白对照,于 700 nm 处测定各管溶液的吸光度值。以蛋白质的量为横坐标,吸光度值为纵坐标,绘制标准曲线。

因 Lowry 反应的显色程度随时间的延长而不断加深,因此,各项操作必须精确控制时间,即从第 1 支试管加入 5 mL 试剂甲后开始计时,1 min 后,第 2 支试管加入 5 mL 试剂甲,2 min 后加第 3 支试管,依次类推。全部试管加完试剂甲后若已超过 10 min,则第 1 支试管可立即加入 0.5 mL 试剂乙,1 min 后第 2 支试管加入 0.5 mL 试剂乙,2 min 后加第 3 支试管,依次类推。待最后一支试管加完试剂后,再放置 30 min,然后开始测定光吸收值。每分钟测一个样品。进行多试管操作时,为了防止出错,每位学生都必须在记录本上预先画好下面的表格。表中是每支试管需要加入的量(mL),并按由左至右、由上至下的顺序,逐管加入。最下面两行是计算出的每管中蛋白质的量(μg)和测得的吸光度值。

表 6-3 Folin-酚试剂法实验表格

管号	1	2	3	4	5	6	7	8	9	10
标准蛋白质 (250 mg/mL)	0	0.1	0.2	0.4	0.6	0.8	1.0	—	—	—
未知蛋白质 (约 250 mg/mL)	—	—	—	—	—	—	—	0.2	0.4	0.6
蒸馏水	1.0	0.9	0.8	0.6	0.4	0.2	0	0.8	0.6	0.4
试剂甲	5.0	5.0	5.0	5.0	5.0	5.0	5.0	5.0	5.0	5.0
试剂乙	0.5	0.5	0.5	0.5	0.5	0.5	0.5	0.5	0.5	0.5
每管中蛋白质 的量(mg)										
吸光度值(A_{700})										

2. 样品的测定

取 1 mL 样品溶液(其中含蛋白质 20~250 μg),按上述方法进行操作,取 1 mL 蒸馏水代替样品作为空白对照。通常样品的测定也可与标准曲线的测定放在一起,同时进行。即在标准曲线测定的各试管后面,再增加 3 支试管,如上表中的 8、9、10 试管。根据所测样品的吸光度值,在标准曲线上查出相应的蛋白质量,从而计算出样品溶液的蛋白质浓度。

注意事项:由于各种蛋白质含有不同量的酪氨酸和苯丙氨酸,显色的深浅往往随不同的蛋白质而变化,因而本测定法通常只适用于测定蛋白质的相对浓度(相对于标准蛋白质)。

方法四　考马斯亮蓝法(Bradford法)

一、实训目的

掌握 Bradford 法检测蛋白质的原理和操作方法。

二、实训原理

双缩脲法(Biuret 法)和 Folin－酚试剂法(Lowry 法)的明显缺点和诸多限制,促使科学家们去寻找更好的蛋白质溶液测定方法。1976 年,由 Bradford 建立的考马斯亮蓝法(Bradford 法)是根据蛋白质与染料相结合的原理设计的。这种蛋白质测定法具有其他几种方法所不具有的突出优点,因而正在得到广泛的应用。这一方法是目前灵敏度最高的蛋白质测定法。考马斯亮蓝 G-250 染料在酸性溶液中与蛋白质结合,使染料的最大吸收峰的位置(l_{max})由 465 nm 变为 595 nm,溶液的颜色也由棕黑色变为蓝色。经研究认为,染料主要是与蛋白质中的碱性氨基酸(特别是精氨酸)和芳香族氨基酸残基相结合。在 595 nm 处测定的吸光度值 A_{595} 与蛋白质浓度成正比。Bradford 法的突出优点是:

(1)灵敏度高　据估计,其灵敏度比 Lowry 法高约 4 倍,其最低蛋白质检测量可达 1 mg。这是因为蛋白质与染料结合后产生的颜色变化很大,蛋白质－染料复合物有更高的消光系数,因而光吸收值随蛋白质浓度的变化比 Lowry 法要大得多。

(2)测定快速、简便,只需加一种试剂　完成一个样品的测定只需要 5 min 左右。由于染料与蛋白质结合的过程大约只要 2 min,其颜色可以在 1 h 内保持稳定,且在 5~20 min 内颜色的稳定性最好,因而完全不用像 Lowry 法那样费时和严格地控制时间。

(3)干扰物质少　如干扰 Lowry 法的 K^+、Na^+、Mg^{2+}、Tris 缓冲液、糖、甘油、巯基乙醇、EDTA 等均不干扰此测定法。

此法的缺点是:

(1)由于各种蛋白质中的碱性氨基酸和芳香族氨基酸的含量不同,因此,Bradford 法用于不同蛋白质测定时有较大的偏差。在制作标准曲线时,通常选用 G－球蛋白作为标准蛋白质,以减少这方面的偏差。

(2)仍有一些物质干扰此法的测定,主要的干扰物质有去污剂、Triton X－100、十二烷基硫酸钠(SDS)和 0.1 mol/L NaOH 溶液(如同 0.1 mol/L 的酸干扰 Lowry 法一样)。

(3)标准曲线也有轻微的非线性,因而不能用 Beer 定律进行计算,只能用标准曲线来测定未知蛋白质的浓度。

三、实训材料和设备

1. 试剂与材料

(1)标准蛋白质溶液　用 G－球蛋白或牛血清白蛋白(BSA)配制成 1.0 mg/mL 和

0.1 mg/mL的标准蛋白质溶液。

（2）考马斯亮蓝G-250染料试剂　称100 mg考马斯亮蓝G-250,溶于50 mL 95％乙醇,再加入120 mL 85％磷酸,用水稀释至1 L。

2. 设备与仪器

可见光分光光度计、旋涡混合器、试管等。

四、实训步骤

1. 取16支试管,1支作空白,3支留作加未知样品,其余试管分为2组,按表6-4中顺序分别加入样品、水和试剂,即向各试管中分别加入0 mL、0.01 mL、0.02 mL、0.04 mL、0.06 mL、0.08 mL、0.1 mL 1.0 mg/mL的标准蛋白质溶液,然后用无离子水补充到0.1 mL。最后向各试管中分别加入5.0 mL考马斯亮蓝G-250试剂,每加完一管,立即在旋涡混合器上混合(注意:不要太剧烈,以免产生大量气泡而难以消除)。未知样品的加样量见表6-4中的第8、9、10管。

2. 加完试剂2~5 min后,即可用比色皿在分光光度计上测定各样品在595 nm处的光吸收值A_{595},空白对照为第1号试管,即0.1 mL H_2O加5.0 mL G-250试剂。

注意事项:不可使用石英比色皿(因不易洗去染色),可用塑料或玻璃比色皿,使用后立即用少量95％乙醇荡洗,以洗去染色。塑料比色皿不可用乙醇或丙酮长时间浸泡。

表6-4　考马斯亮蓝法记录表格

管号	1	2	3	4	5	6	7	8	9	10
标准蛋白质 (1.0 mg/mL)	0	0.01	0.02	0.04	0.06	0.08	0.10	—	—	—
未知蛋白质 (1.0 mg/mL)	—	—	—	—	—	—	—	0.02	0.04	0.06
蒸馏水	0.1	0.09	0.08	0.06	0.04	0.02	0	0.08	0.06	0.04
考马斯亮蓝 G-250试剂	5.0	5.0	5.0	5.0	5.0	5.0	5.0	5.0	5.0	5.0
每管中蛋白 质的质量(mg)										
吸光度值 (A_{595})										

3. 以标准蛋白质的质量(mg)为横坐标,吸光度值A_{595}为纵坐标作图,得到一条标准曲线。由此标准曲线,根据测出的未知样品的A_{595}值,即可查出未知样品的蛋白质含量。0.5 mg/mL牛血清白蛋白溶液的A_{595}约为0.50。

实训九　发酵液氮含量的测定

一、实训目的

初步掌握甲醛滴定法测定氨基氮含量的原理和操作要点。

二、实训原理

氨基酸是两性电解质，在水溶液中有如下平衡：

$$R-CH(NH_3^+)-COO^- \rightleftharpoons R-CH(NH_2)-COO^- + H^+$$

$-NH_3^+$是弱酸，完全解离时 pH 为 11～12 或更高，若通过用碱液滴定$-NH_3^+$所释放的H^+来测定氨基酸，一般指示剂变色域小于 pH 10，很难准确指示滴定终点。常温下，甲醛能迅速与氨基酸的氨基结合，生成羟甲基化合物，使上述平衡右移，促使$-NH_3^+$释放H^+，使溶液的酸度增加，滴定中和终点移至酚酞的变色域内（pH 9.0 左右）。因此，可用酚酞作指示剂，用标准氢氧化钠溶液滴定。

$$R-CH(NH_3^+)-COO^- \rightleftharpoons R-CH(NH_2)-COO^- + H^+ \xrightarrow{NaOH} 中和$$

$$\downarrow HCHO$$
$$R-CH(NHCH_2OH)-COO^-$$
$$\downarrow HCHO$$
$$R-CH(N(CH_2OH)_2)-COO^-$$

如样品为一种已知的氨基酸，从甲醛滴定的结果可算出氨基氮的含量。如样品为多种氨基酸的混合物，如蛋白质水解液，则滴定结果不能作为氨基酸的定量依据。此法简便快速，常用来测定蛋白质的水解程度，随着水解程度的增加，滴定值也增加，滴定值不再增加时，表明水解作用已完全。

三、实训材料和设备

1. 试剂与材料

(1) 300 mL 0.05 mol/L 标准甘氨酸溶液　准确称取 375 mg 甘氨酸，溶解后定容至 100 mL。

(2) 500 mL 0.02 mol/L 标准氢氧化钠溶液。

(3) 20 mL 酚酞指示剂　0.5% 酚酞的 50% 乙醇溶液。

(4)400 mL 中性甲醛溶液 在 50 mL 36‰～37‰分析纯甲醛溶液中加入 1 mL 0.5%酚酞乙醇水溶液,用 0.02 mol/L 氢氧化钠溶液滴定到微红,贮于密闭的玻璃瓶中。

2. 设备与仪器

25 mL 三角烧瓶、3 mL 微量滴定管、吸管、研钵等。

四、实训步骤

1. 取 3 个 25 mL 三角烧瓶,编号。向 1、2 号瓶内各加入 0.05 mol/L 标准甘氨酸溶液 2 mL 和水 5 mL,混匀。向 3 号瓶内加入 7 mL 水。然后向 3 个瓶中各加入 5 滴酚酞指示剂,混匀后各加 2 mL 甲醛溶液,再混匀,分别用 0.02 mol/L 标准氢氧化钠溶液滴定至溶液显微红色。重复以上实验 2 次,记录每次每瓶消耗的标准氢氧化钠溶液的毫升数。取平均值,计算甘氨酸氨基氮的回收率。

2. 取未知浓度的甘氨酸溶液 2 mL,依上述方法进行测定,平行做 2～3 份,取平均值。计算每毫升甘氨酸溶液中所含氨基氮的毫克数。

五、结果处理

1. 回收率计算

$$甘氨酸氨基氮回收率 = \frac{实际测得量}{加入理论量} \times 100\%$$

公式中实际测得量为滴定 1 号和 2 号瓶耗用的标准氢氧化钠溶液毫升数的平均值与 3 号瓶耗用的标准氢氧化钠溶液毫升数之差乘以标准氢氧化钠的摩尔浓度,再乘以 14.008。

2. 氨基氮计算

$$氨基氮(mg/mL) = \frac{(V_{未} - V_{对}) \times N_{NaOH} \times 14.008}{2}$$

式中:$V_{未}$—滴定待测液耗用标准氢氧化钠溶液的平均毫升数;

$V_{对}$—滴定对照液(3 号瓶)耗用标准氢氧化钠溶液的平均毫升数;

N_{NaOH}—标准氢氧化钠溶液的摩尔浓度。

六、注意事项

1. 标准氢氧化钠溶液应在使用前标定,并在密闭瓶中保存。不可使用隔日贮在微量滴定管中的剩余氢氧化钠。

2. 中性甲醛溶液在临用前配制,若已放置一段时间,则使用前需要重新中和。

3. 本实训为定量测试,甘氨酸和氢氧化钠的浓度要严格标定,加量要准确,所有操作都要按分析化学要求进行。

4. 脯氨酸与甲醛作用生成不稳定的化合物,使滴定毫升数偏低,而酪氨酸的滴定毫升数结果偏高。

实训十　氨基酸自动分析仪分析发酵液中的氨基酸

一、实训目的

1. 了解氨基酸自动分析仪的分析原理。
2. 掌握氨基酸自动分析仪的操作技巧。

二、实训原理

氨基酸分析仪采用柱后茚三酮法来测定样品中的各种氨基酸含量。测定原理是利用样品中各种氨基酸组分的结构、酸碱性、极性及分子大小等不同,经过预处理的发酵液标本从自动进样器进入保护柱进行预分离,然后进入阳离子交换柱进行分离,采用不同 pH 和离子浓度的缓冲液将各氨基酸组分依次洗脱下来,再逐个与另一流路即泵 2 吸入的茚三酮溶液在混合器混合,然后共同流至螺旋反应管中,在一定温度下(通常为 115～120 ℃)进行显色反应,形成 570 nm 处有最大吸收的蓝紫色产物。其中羟脯氨酸与茚三酮反应生成黄色产物,其最大吸收值在 440 nm 处。最后将产物送至检测器,经光电比色计检测标本中各种氨基酸的含量,测试结果被直接送入工作站。这些有色产物对 570 nm、440 nm 光的吸收强度与洗脱出来的各氨基酸浓度(或含量)之间的关系符合比耳定律,可与标准氨基酸比较,作定性和定量测定。氨基酸分析仪的工作原理如图 6-4 所示。

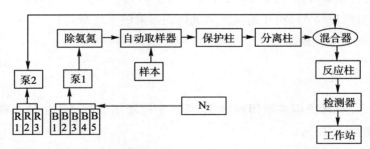

R1:茚三酮溶液　R2:茚三酮溶液的缓冲液　R3:水　B1～B5:不同 pH 的试剂

图 6-4　氨基酸分析仪的工作原理图

三、实训材料和设备

1. 试剂与材料

茚三酮反应液、标准氨基酸溶液等。

2. 设备与仪器

氨基酸自动分析仪、蛋白质水解装置、离心机、干燥箱等。

四、实训步骤

1. 样品处理

测定样品中各种游离氨基酸的含量，可以在除去脂肪杂质后，直接上柱进行分析。测定蛋白质的氨基酸组成时，样品必须经酸水解，使蛋白质完全变成氨基酸后才能上柱进行分析。

2. 样品分析

将经过处理后的样品上柱进行分析。上柱的样品量根据所用自动分析仪的灵敏度来确定。每种氨基酸的上柱量一般为 0.1 μmol（水解样品干重为 0.3 mg 左右）。必须在 pH 5.0～5.5、100 ℃的条件下进行测定，反应时间为 10～15 min，生成的紫色物质在 570 nm 波长下进行比色测定，而生成的黄色化合物在 440 nm 波长下进行比色测定。做一个氨基酸全分析一般只需 1 h，可同时将几十个样品一起装入仪器，自动按序分析，最后自动计算给出精确的数据。仪器精确度为 ±(1%～3%)。用阳离子交换柱分离及测定氨基酸所得图谱如图 6-5 所示。

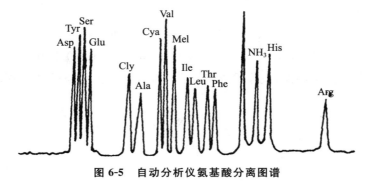

图 6-5 自动分析仪氨基酸分离图谱

五、结果计算

带有数据处理机的仪器能将各种氨基酸的测定结果自动打印出来；若不能打印，可用尺子测量峰高或用峰高乘以半峰宽确定峰面积，进而计算出氨基酸的精确含量。另外，根据峰出现的时间可以确定氨基酸的种类。

六、说明

1. 显色反应用的茚三酮试剂随着时间推移发色率会降低，故在较长时间的测样过程中，应随时采用已知浓度的氨基酸标准溶液上柱测定，以检验其变化情况。

2. 近年来出现的采用反相色谱原理制造的氨基酸分析仪，可使蛋白质水解出的 17 种氨基酸在 12 min 内完成分离，且具有灵敏度高（最小检出量可达 1 pmol）、重现性好、一机多用等优点。

实训十一　糖化酶活力的测定

一、实训目的

1. 学习糖化型淀粉酶(或液体曲)活力的测定方法。
2. 了解糖化型淀粉酶活力大小对生产工艺的指导意义。

二、实训原理

糖化型淀粉酶可催化淀粉水解生成葡萄糖。本实训在一定条件下用一定量的糖化型淀粉酶作用于淀粉,然后用碘量法测定所生成的葡萄糖含量,进一步计算淀粉酶的活力。

碘量法定糖原理:淀粉经糖化酶水解生成葡萄糖,葡萄糖具有还原性,其羰基易被弱氧化剂次碘酸钠所氧化。

$$I_2 + 2NaOH \rightarrow NaIO + NaI + H_2O$$
$$NaIO + C_6H_{12}O_6 \rightarrow NaI + CH_2OH(CHOH)_4COOH + NaI$$

反应体系中加入过量的碘,氧化反应完成后用硫代硫酸钠滴定过量的碘,即可推算出酶的活力。

$$I_2 + 2Na_2S_2O_3 \rightarrow Na_2S_4O_6 + 2NaI$$

三、实训材料和设备

1. 菌种与原料

As 3.4309 黑曲霉斜面试管菌、麸皮和稻壳等。

2. 试剂与材料

(1) 2% 可溶性淀粉溶液　准确称取 2 g 可溶性淀粉(预先于 100～105 ℃烘干至恒重,约需 2 h),加少量蒸馏水调匀。倾入 80 mL 左右的沸蒸馏水中,继续煮沸至透明,冷却后用水定容至 100 mL。

(2) 0.05 mol/L 碘液　称取 25 g 碘化钾溶于少量水中,加入 12.7 g 碘,溶解后定容至 1000 mL。

(3) 1 mol/L 醋酸缓冲液(pH 4.5)　称取 8.204 g 无水醋酸钠,先在少量水中溶解,定容至 1000 mL。取分析纯冰醋酸 5.78 mL,定容至 1000 mL。将上述醋酸溶液和醋酸钠溶液按体积比 25∶22 混合,即为所需要的缓冲液。

(4) 0.1 mol/L NaOH 溶液　称取分析纯氢氧化钠 4 g,溶解并定容至 1000 mL。

（5）1 mol/L H_2SO_4 溶液　吸取分析纯浓硫酸（比重 1.84）55.5 mL，缓缓加入 944.5 mL 水中，定容至 1000 mL。

（6）0.01 mol/L 硫代硫酸钠溶液　称取 26 g 硫代硫酸钠（$Na_2S_2O_3 \cdot 5H_2O$）和 0.4 g 碳酸钠，用煮沸冷却的蒸馏水溶解并定容至 1000 mL，配制后放置 3 d 后再标定。

3. 设备与仪器

吸管（25 mL、10 mL、5 mL、2 mL）、定碘瓶（500 mL）、碱式滴定管、烧杯、恒温水浴锅、分析天平等。

四、实训步骤

1. 糖化曲制备（以浅盘麸曲为例）

（1）菌种的活化　按无菌操作流程取原试管菌一环，接入察氏培养基斜面，或用无菌水稀释法接种，31 ℃保温培养 4～7 d，取出备用。

（2）三角烧瓶种曲培养　称取一定量的麸皮，加入 70%～80% 水，搅拌均匀，润料 1 h，装瓶，料厚为 1.0～1.5 cm，包扎，在 9.8×10^4 Pa 压力下灭菌 40 min。冷却后接种，31～32 ℃培养，待瓶内麸皮已结成饼时，进行扣瓶，继续培养 3～4 d 即成熟。要求成熟种曲孢子稠密、整齐。

（3）糖化曲制备。

①配料。称取一定量的麸皮，加入 5% 稻皮，加入相当于原料量 70% 的水，搅拌均匀。

②蒸料。圆气后蒸煮 40～60 min。蒸煮时间要控制好，若时间过短，则料蒸不透，对曲质量有影响；若时间过长，则麸皮易发黏。

③接种。将蒸料冷却，打散结块，当料冷至 40 ℃时，接入 0.25%～0.35%（按干料计）三角烧瓶种曲，搅拌均匀，将其平摊在灭过菌的瓷盘中，料厚为 1～2 cm。

（4）前期管理　将接种好的料放入培养箱中培养，为防止水分蒸发过快，可在料面上覆盖灭菌纱布。这段时间为孢子膨胀发芽期，料醅不发热，控制温度在 30 ℃左右。放置 8～10 h 后，孢子已发芽，菌丝开始蔓延，控制品温在 32～35 ℃。若温度过高，则水分蒸发过快，会影响菌丝生长。

（5）中期管理　这一阶段菌丝生长旺盛，呼吸作用较强，放热量大，品温迅速上升。应控制品温不超过 37 ℃。

（6）后期管理　这一阶段菌丝生长缓慢，放出热量少，品温开始下降，应降低湿度，提高培养温度，将品温提高到 37～38 ℃，以利于水分排出。这是制曲很重要的排潮阶段，对酶的形成和成品曲的保存都很重要。出曲水分应控制在 25% 以下，总培养时间约为 24 h。

（7）糖化曲感官鉴定　要求菌丝粗壮浓密，无干皮或"夹心"，没有怪味或酸味，曲呈米黄色，孢子尚未形成，有曲清香味，曲块结实。

2. 糖化酶活力测定

（1）浸出液的制备　称取 5.0 g 固体曲（干重），放入 250 mL 烧杯中，加 90 mL 水和

10 mL pH 4.6 乙酸－乙酸钠缓冲液,摇匀,在 40 ℃水浴中保温 1 h,每隔 15 min 搅拌一次。用脱脂棉过滤,滤液为 5% 固体曲浸出液。

(2)糖化酶活力的测定　取 2% 可溶性淀粉溶液 25 mL,加 pH 4.5 醋酸缓冲液 5 mL,混匀,在 40 ℃恒温水浴中预热 5~10 min 后,加入待测酶液 2 mL(空白组以蒸馏水代替酶液),准确计时 1 h。取出反应液后加入 4 滴 20% NaOH 溶液,终止酶反应,冷却至室温。取上述反应液 5 mL 于定容瓶中,先加入 0.05 mol/L 碘液 10 mL,再加入 0.1 mol/L NaOH 溶液 10 mL,摇匀,在暗处静置 15 min。然后加入 1 mol/L 硫酸溶液 2 mL。用硫代硫酸钠滴定至无色。其与空白组消耗硫代硫酸钠的毫升数的差值应在 4 和 6 之间,否则,要适当调整酶液的稀释倍数。

3. 计算

$$酶活力(mg/mL) = \frac{(A-B) \times N \times 90.05 \times V_2 \times n}{V_1 \times V_3}$$

式中:A——空白所消耗的 $Na_2S_2O_3$ 的毫升数;

B——样品所消耗的 $Na_2S_2O_3$ 的毫升数;

90.05——与 1 mL 1 mol/L $Na_2S_2O_3$ 溶液相当的葡萄糖毫克数;

V_1——酶液的体积(2 mL);

V_2——反应液的总体积(32.20 mL);

V_3——吸取反应液样品的体积(5 mL);

n——酶液稀释倍数;

N——$Na_2S_2O_3$ 的当量浓度(0.01 mol/L)。

实训十二　脂肪酶活力的测定

　　脂肪酶是一种特殊的水解酶,广泛存在于动物组织、植物种子和微生物体中,能水解甘油三酯或脂肪酸酯生成单甘油酯或双甘油酯和游离脂肪酸,将天然油脂水解为脂肪酸及甘油,同时也能催化酯合成和酯交换反应,在轻工、化工、医药、食品等行业有广泛的用途。近年来,随着非水酶学和界面酶学研究的不断深入,脂肪酶的应用领域也在不断地扩展,脂肪酶被广泛地应用于酯合成、手性化合物的拆分、化工合成中间体的选择性基团保护、高聚物的合成、肽合成等方面,应用前景广阔。脂肪酶在微生物中有广泛的分布。脂肪酶可催化如下反应:甘油三酸酯＋水→甘油二酸酯＋游离脂肪酸→甘油酸酯＋游离脂肪酸→甘油＋游离脂肪酸。脂肪酶只能在异相系统,即在油－水界面上作用,对水溶性底物无作用,这一点在有机合成手性中间体方面具有很大的优越性。

一、实训原理

脂肪酶活力定义:1 g 固体酶粉(或 1 mL 液体酶)在一定温度、pH 条件下,1 min 水解底物产生 1 μmol 可滴定的脂肪酸,即为一个酶活力单位,单位为 μmol/g(μmol/mL)。脂肪酶在一定条件下,能使甘油三酯水解生成脂肪酸、甘油二酯、甘油单酯和甘油,所释放的脂肪酸可用标准碱溶液进行中和滴定,用 pH 计或酚酞指示反应终点,根据消耗的碱量,计算其酶活力。

$$RCOOH + NaOH \rightarrow RCOONa + H_2O$$

二、实训材料和设备

1. 试剂与材料

(1) 95% 酒精、橄榄油(分析纯)。

(2) 4% 聚乙烯醇(PVA,聚合度为 1750±50) 称取 4 g 聚乙烯醇,加蒸馏水 80 mL,在沸水中加热,并不断搅拌,使其完全溶解,慢速搅拌,以免产生过多气泡,冷却后定容至 100 mL,用双层纱布过滤后备用。

(3) 底物溶液 按 4% 聚乙烯醇∶橄榄油=3∶1 的比例混合,用高速匀浆机处理 6 min(分 2 次处理,间隔 5 min,每次处理 3 min)。

(4) pH 7.5 磷酸缓冲液 称取十二水磷酸氢二钠 39.62 g,磷酸二氢钾 1.96 g,用水溶解并定容至 500 mL,调节溶液的 pH 至 7.50±0.05。

(5) 0.05 mol/L NaOH 溶液 按 GB/T 601 配制与标定。使用时稀释 10 倍。

(6) 10 g/L 酚酞指示液 按 GB/T 603 配制。

2. 设备与仪器

恒温水浴箱、移液枪、高速匀浆机、pH 计、电磁搅拌器等。

三、实训步骤

1. 待测酶液的制备

称取酶样品 1～2 g,精确至 0.0002 g,用磷酸缓冲液溶解并稀释。如果是粉末,可加少量缓冲液研磨后再稀释。测定时控制酶液浓度,样品与对照消耗碱量之差应控制在 1～2 mL 内。

2. 酶活力测定

(1) 电位滴定法。

①按 pH 计使用说明书进行仪器校正。

②取 2 个 100 mL 烧杯,分别标记为空白 A 和样品 B,分别加入底物溶液 4 mL 和缓冲液 5 mL,再向 A 中加入 95% 酒精 15.00 mL,在(40±0.2) ℃水浴中预热 5 min,然后各加 1 mL 酶液,立即混匀计时。准确反应 15 min 后,向 B 中立即补加 15.00 mL 95% 酒精终止反应,取出。

③在烧杯中加入一转子,置于电磁搅拌器上,边搅拌边用氢氧化钠标准溶液滴定至 pH 10.3,即为滴定终点。记录消耗的氢氧化钠标准溶液的体积。

(2)指示剂滴定法。

①取 2 个 100 mL 三角烧瓶,分别标记为空白 A 和样品 B,分别加入底物溶液 4 mL 和缓冲液 5 mL,再向 A 中加入 95% 酒精 15.00 mL,在(40±0.2)℃水浴中预热 5 min,然后各加 1 mL 酶液,立即混匀计时。准确反应 15 min 后,向 B 中立即补加 15.00 mL 95% 酒精终止反应,取出。

②向 A、B 瓶中各加酚酞 2 滴,用氢氧化钠标准溶液滴定,滴定至微红色并保持 30 s 不褪色为滴定终点。记录消耗的氢氧化钠标准溶液的体积。

3. 计算

脂肪酶制剂的酶活力按以下公式计算:

$$X_1 = \frac{(V_1 - V_2) \times c \times 50 \times n_1}{0.05 \times 15}$$

式中:X_1—样品的酶活力,μ/g;

V_1—滴定样品时消耗氢氧化钠标准溶液的体积,mL;

V_2—滴定空白时消耗氢氧化钠标准溶液的体积,mL;

c—氢氧化钠标准溶液的摩尔浓度,mol/L;

50—0.05 mol/L 氢氧化钠溶液 1.00 mL 相当于脂肪酸 50 μmol;

n_1—样品的稀释倍数;

0.05—氢氧化钠标准溶液浓度换算系数;

15—反应时间 15 min,以 1 min 计算。

四、讨论

影响脂肪酶测定结果的因素有很多,其中底物、反应温度和 pH 等因素的影响最大。在滴定法中,以前有国外文章报道称:测定脂肪酶酶活时,不将底物制成乳化液,而是直接在搅拌状态下对油脂进行酶解反应,然后用碱滴定生成的脂肪酸。不乳化测得的结果平行性较差,这可能是由反应过程中的随机误差引起的。由于不乳化时,反应体系是酶的水溶液加入底物橄榄油中,水与油是互不相溶的,必然造成体系的不均匀,酶不能与底物充分接触,反应不完全,因此,测定的平行性较差,可比性也差。酶都有其最适的反应温度,在不同温度下,酶所表现出的活性也不同,温度的升高可以加快反应速度,但温度过高会引起酶蛋白变性失活。同一浓度的碱性脂肪酶在相同的温度下对同样的底物作用时,在不同的 pH 环境中所测得的酶活也不同。

实训十三　碱性蛋白酶活力的测定

一、实训目的

1. 掌握碱性蛋白酶活力测定的原理和酶活力的计算方法。
2. 学习酶促反应速度的测定方法和基本操作。

二、实训原理

酶活力是指酶催化某些化学反应的能力。酶活力的大小可以用在一定条件下酶所催化的某一化学反应的速度来表示。测定酶活力实际就是测定被酶所催化的化学反应的速度。酶促反应的速度可以用单位时间内反应底物的减少量或产物的增加量来表示，为了灵敏起见，通常是测定单位时间内产物的生成量。由于酶促反应速度可随时间的推移而逐渐减少其增加值，所以，为了正确测得酶活力，必须测定酶促反应的初速度。碱性蛋白酶在碱性条件下，可以催化酪蛋白水解生成酪氨酸。酪氨酸是含有酚羟基的氨基酸，可与福林试剂（磷钨酸与磷钼酸的混合物）发生福林酚反应（福林试剂在碱性条件下极不稳定，容易定量地被酚类化合物还原，生成钨蓝和钼蓝的混合物，而呈现出不同深浅的蓝色）。利用比色法即可测定酪氨酸的生成量，用碱性蛋白酶在单位时间内水解酪蛋白产生的酪氨酸量来表示酶活力。

三、实训材料和设备

1. 试剂与材料

(1) 福林试剂　在 1 L 容积的磨口回流瓶中加入 50 g 钨酸钠（$Na_2WO_4 \cdot 2H_2O$）、125 g 钼酸钠（$Na_2MoO_4 \cdot 2H_2O$）、350 mL 蒸馏水、25 mL 85％磷酸及 50 mL 浓盐酸，充分混匀后回流 10 h。回流完毕后，再加 25 g 硫酸锂、25 mL 蒸馏水及数滴液体溴，开口继续沸腾 15 min，以便驱除过量的溴，冷却后定容到 500 mL。将溶液过滤，置于棕色瓶中，在暗处保存。使用前加 4 倍蒸馏水稀释。

(2) 1％酪蛋白溶液　称取酪蛋白 1 g 于研钵中，先用少量蒸馏水湿润，然后慢慢加入 0.2 mol/L NaOH 溶液 4 mL，充分研磨，用蒸馏水将其洗入 100 mL 容量瓶中，放入水浴中煮沸 15 min，溶解后冷却，定容至 100 mL，保存于冰箱内。

(3) pH 10 硼砂氢氧化钠缓冲溶液　甲液（0.05 mol/L 硼砂溶液）：取硼砂（$Na_2B_4O_7 \cdot$

$10H_2O$) 19 g,用蒸馏水溶解并定容至 1000 mL;乙液:0.2 mol/L NaOH 溶液。吸取甲液 50 mL,加入乙液 21 mL,用蒸馏水定容至 200 mL。

(4)酪氨酸标准溶液　精确称取酪氨酸 50 mg,加入 1 mL 1 mol/L HCl 溶液,溶解后用蒸馏水定容至 50 mL,即得 1 mg/mL 酪氨酸标准溶液。

(5)0.4 mol/L 碳酸钠溶液。

(6)0.4 mol/L 三氯醋酸溶液。

2.设备与仪器

电热恒温水浴槽、分析天平、容量瓶、移液管、721 型分光光度计等。

四、实训步骤

1.制备酪氨酸标准曲线

(1)取 7 支试管并进行编号,按表 6-5 配制不同含量的酪氨酸溶液。

(2)在上述 7 支试管中,分别加入 1%酪蛋白溶液 1 mL,于 40 ℃水浴中保温 15 min,取出后,加入 0.4 mol/L 三氯醋酸 3 mL,充分摇匀,各管溶液分别用滤纸过滤。

(3)分别吸取滤液 1 mL 放入另外 7 支试管中,加入 0.4 mol/L 碳酸钠溶液 5 mL、福林试剂 1 mL,充分摇匀,在 40 ℃水浴保温 15 min,然后向每管中各加入 3 mL 蒸馏水,充分摇匀。

(4)以 0 号管作对照,用 721 型分光光度计在 680 nm 处测定光密度。

(5)以光密度为纵坐标,酪氨酸含量(微克数)为横坐标,绘制标准曲线。

表 6-5　酪氨酸标准曲线制作

试管编号	酪氨酸含量(μg)	1 mg/mL 酪氨酸标准溶液(mL)	蒸馏水(mL)
0	0	0	2.0
1	100	0.1	1.9
2	200	0.2	1.8
3	300	0.3	1.7
4	400	0.4	1.6
5	500	0.5	1.5
6	600	0.6	1.4

2.样品测定

(1)精确称取干酶粉 2 g,加入 10 mL pH 10 缓冲溶液,在小烧杯中溶解,并用玻璃棒搅拌。静置片刻后,将上层液小心倾入容量瓶中,向沉渣部分中再加入少量缓冲溶液,如此反复搅拌溶解 4 次,最后全部移入 200 mL 容量瓶中。用缓冲溶液定容至刻度,充分摇匀,用双层纱布或四层纱布过滤。吸取滤液 5 mL,移入 100 mL 容量瓶中,用蒸馏水稀释至刻度,所得溶液为稀释 2000 倍的酶液。

(2)取3支干燥的试管,按表6-6编号,并严格按照表中顺序加入试剂和操作。

表6-6 蛋白酶活力测试实验

试剂	对照	1	2
pH 10 缓冲溶液(mL)	1	1	1
1:2000 碱性蛋白酶(mL)	1	1	1
0.4 mol/L 三氯醋酸溶液(mL)	3	0	0
1%酪蛋白溶液(mL)	1	1	1
40 ℃水浴保温(min)	15	15	15
0.4 mol/L 三氯醋酸溶液(mL)	0	3	3

摇匀后,各管分别过滤,吸取滤液 1 mL,加入 0.4 mol/L 碳酸钠溶液 5 mL、福林试剂 1 mL,充分摇匀,在 40 ℃水浴保温 15 min。然后每管各加入 3 mL 蒸馏水,摇匀。以对照管为对照,用 721 型分光光度计在波长 680 nm 处测定两管的光密度。

实训十四 原子吸收分光光度法测发酵液中的微量元素

一、实训目的

1. 掌握原子吸收分光光度计的操作方法。
2. 熟悉原子吸收分光光度计的应用。

二、实训原理

原子吸收光谱法是一种广泛应用的测定元素的方法。它是一种基于待测元素基态原子在蒸气状态对其原子共振辐射吸收进行定量分析的方法。为了能够测定吸收值,试样需要转变成一种在适合的介质中存在的自由原子。元素在热解石墨炉中被加热原子化,成为基态原子蒸气,对空心阴极灯发射的特征辐射进行选择性吸收。在一定浓度范围内,其吸收强度与试液中的含量成正比。其定量关系可用朗伯-比耳定律 $A=-\lg I/I_0=-\lg T=Kcl$ 表示。化学火焰是另外一种产生基态气态原子的方法。待测试样溶解后以气溶胶的形式引入火焰中,产生的基态原子吸收适当光源发出的辐射后被测定。原子吸收光谱中一般采用的空心阴极灯是一种锐线光源。这种方法操作快速、选择性好、灵敏度高,且有着较好的精密度。它主要用于痕量元素杂质的分析,具有灵敏度高及选择性好两大主要优点,广泛应用于特种气体、金属有机化合物、金属醇盐中微量元素的分析。然而,在原子光谱中,不同类型的干扰将严重影响方法的准确性。干扰一般分为物理干扰、化学干扰和光谱干扰3种。物理干扰和化学干扰可改变火焰中原子的数量,而光谱干扰则影响原子吸收信号的准确测定。可以通过选择适当的实验条件和对试样进行预处理来减少或消除干扰。所以,应从火焰温度和组成两方面作慎重选择。

三、实训材料和设备

1. 标准溶液

使用已有的 10.0 mg/L 待测元素标准溶液来配制浓度分别为 2.00 mg/L、1.00 mg/L、0.500 mg/L、0.250 mg/L 和 0.100 mg/L 的待测元素标准溶液。配制标准溶液时,应使用蒸馏水稀释已有溶液。取一定量储备液加入 100 mL 容量瓶中,稀释至 100 mL,充分混合均匀。

2. 设备与仪器

原子吸收分光光度计等。

四、实训步骤

在待测元素的特定波长处测定标准溶液的吸收。将狭缝宽度和空心阴极灯的位置预先调整好。当吸入 0.500 mg/L 标准溶液时,调整波长为待测元素的特定波长,调整到最大吸收。

1. 火焰的选择

火焰组成对待测元素测定灵敏度的影响:通过溶液雾化方式引入 0.500 mg/L 标准溶液到空气-乙炔火焰中,小幅调节乙炔的流速,每次读数前用双蒸水重新调零,以吸光度对流速作图。

2. 观察高度的影响

在选定的合适流速下、雾化的 0.500 mg/L 标准溶液中,小幅调节火焰高度,每次读数前用双蒸水重新调零。以燃烧器上方的观察高度对流速作图。

3. 标准曲线和样品分析

选择最佳的流速和燃烧高度,切换到标准曲线窗口,在开始一系列测定之前,用双蒸水调零。同时,如果再测量过程中有延误,需重新调零。在连续的一系列测定中,记录每种溶液的吸收值,每次每个样品重复 3 次后转入下一个测定。

(1) 标准曲线系列测定　测定标准空白和标准溶液。

(2) 样品空白和样品溶液测定。

(3) 重复样品空白和样品溶液测定。

五、结果和讨论

1. 标准曲线

打印出本实训所绘制的标准曲线。注意任何弯曲处,并决定是否需要采用非线性曲线拟合。用这些曲线来测定试样空白和试样中待测元素的含量,用扣除空白的方法得到试样中待测元素的真实含量。计算原始试样中待测元素的含量,并估算最终结果中的不确定度。

2. 精密度

用不同浓度的待测元素标准溶液测定 9 次后,算出每个浓度的 RSD,记录结果。

3. 检出限

检出限常常用能够区分背景的 RSD 的最小浓度来表示。IUPAC 对检出限的一个定义是 $3 \times sb$,sb 为背景信号的标准偏差。$DL = 3 \times sb/S$,S 为标准曲线的斜率。检出限之所以成为评价仪器性能的因素,是因为它取决于灵敏度与背景信号的比值。在本实训中,用 9 次测量的标准空白溶液计算 sb,而用标准曲线的斜率计算检出限。

参考文献

[1] 吴国峰,李国全,马永强. 工业发酵分析[M]. 北京:化学工业出版社,2006.

[2] 姜淑荣. 发酵分析检验技术[M]. 北京:化学工业出版社,2008.

[3] 大连轻工业学院等合编. 工业发酵分析[M]. 北京:中国轻工业出版社,2000.

[4] Kenneth A Rubinson. Contemporary Instrumental Analysis[M]. 北京:科学出版社,2003.

[5] 张学群. 啤酒工艺控制指标及检测手册[M]. 北京:中国轻工业出版社,1993.

[6] 孙毓庆. 现代色谱法及其在医药中的应用[M]. 北京:人民卫生出版社,2005.

[7] 朱振中. 仪器分析[M]. 上海:上海交通大学出版社,2010.

[8] 王喜波,张英华. 食品检测与分析[M]. 北京:化学工业出版社,2013.

[9] 于景芝. 酵母生产与应用手册[M]. 北京:中国轻工业出版社,2005.

[10] 贾春晓. 现代仪器分析技术及其在食品中的应用[M]. 北京:中国轻工业出版社,2005.

[11] 王艳. 食品检测技术:理化部分[M]. 北京:中国轻工业出版社,2008.

[12] 王正范. 色谱的定性与定量分析[M]. 北京:化学工业出版社,2000.

第七单元　发酵工程综合实训案例

综合实训一　小型啤酒生产线操作

一、实训目的

1. 掌握啤酒活性干酵母菌的活化与应用。
2. 熟悉啤酒发酵设备,了解发酵设备基本构造及啤酒生产流程。
3. 掌握啤酒发酵生产基本技术。

二、实训材料和设备

1. 材料与试剂

大麦芽、焦香麦芽、黑麦芽、苦型啤酒花、香型啤酒花、啤酒活性干酵母、硅藻土、邻苯二胺、碘液等。

2. 设备与仪器

小型啤酒自酿设备、粉碎机、过滤机、糖锤度计、乙酰蒸馏器等。

图7-1　日产100 L 小型啤酒自酿设备(蚌埠学院啤酒生产实训中心)

三、实训步骤

以 500 L 糖化能力为例。

1. 麦芽的粉碎

啤酒配料：大麦芽 80～100 kg，焦香麦芽 1～2 kg。黑啤酒配料：大麦芽 80～90 kg，焦香麦芽 10～20 kg，黑麦芽 5～8 kg。用锤片式粉碎机将原料麦芽粉碎至合适的大小，即麦壳中淀粉颗粒尽可能的小，以麦壳破而不碎为最好。

2. 糖化

在煮沸锅内加自来水 500 kg，开始加热，电加热过程中要开启旋涡阀和麦汁泵 3～5 min，以便混合均匀，升温至 68～70 ℃后停止加热。打开相应阀门，启动麦汁泵，将 290 kg 自来水自过滤槽底部泵入糖化锅。加入已粉碎好的麦芽粉，不断搅拌，并开泵回流，保证麦芽粉不沉在锅底部。停止搅拌，开始计时，保持温度在 55 ℃，时间为 70 min。向煮沸锅中继续加水煮沸，将 100 ℃热水从过滤槽底部泵入糖化锅，兑醪温至 66 ℃，保温 80 min。

3. 过滤

醪液静置 15～20 min 后，开启相关阀门，由管道视镜处将糖化醪缓缓放出。当观察到放出的麦汁由浑浊转为澄清后，转换阀门，将麦汁转入下层回旋沉淀槽。麦汁在过滤的时候流速应逐步加快，这样可防止糟层结板，使过滤速度降低。当麦汁液面和麦糟接近时，向糖化锅内打入 78 ℃热水，对麦糟进行洗涤。洗涤过程中即时测定麦汁糖度，当糖度达到 9.0 Bx（勃力克斯刻度）时，停止洗糟，将下部的麦汁打入糖化锅，升温煮沸。打开过滤槽上的排糟孔，将麦糟排出，并清洗过滤槽。

4. 煮沸及添加啤酒花

待麦汁盖过加热管后，开始加热升温。在电加热过程中，每隔 10 min 打开旋涡阀，开启麦汁泵回流 1～3 min。当麦汁沸腾时开始计时，煮沸并保持 60 min，使麦汁始终处于沸腾状态。在麦汁煮沸开锅后 5 min 和煮沸结束前 5 min 分别添加苦型酒花和香型酒花，加入量分别为 200 g（0.04%）和 100 g（0.02%）。

5. 回旋沉淀

将煮沸后的麦汁打入回旋沉淀槽，使其旋转分离热凝固物，静置沉淀 30 min。在麦汁冷却前排掉热凝固物。

6. 冷却

先开启自来水阀、冰水阀和冰水泵，再开启麦汁阀，进行麦汁冷却。控制冷却温度在 (11.0±0.5) ℃。在麦汁冷却的同时对麦汁进行不断的充氧。

7. 发酵

(1) 啤酒活性干酵母活化　按麦汁量的 0.1% 称取啤酒活性干酵母，用 10～20 倍 30～35 ℃ 的麦芽汁活化 30 min 后即可接种。

(2) 主发酵　发酵罐应先清洗干净，灭菌后备用。进罐后控制发酵温度在 11~12 ℃，排空阀半开。主发酵开始 2 d 后，排空阀略关小一点，压力控制在 0.03 MPa。每天测定麦汁糖度，当糖度降至 4 Bx 以下时，主发酵完成，封罐。主发酵时间控制在 7 d 左右。

(3) 后发酵　主发酵结束后，应当在 24 h 内按规定降温至 0~2 ℃，同时压力控制在 0.14 MPa 左右。后发酵时间为 18~20 d。

8. 过滤

成熟后的啤酒经部分混合硅藻土后，在硅藻土过滤机中打循环。待过滤液澄清透亮后，停止循环，开始正式的过滤操作。操作前，应使用二氧化碳将管道和过滤机中的空气顶出，防止啤酒被氧化。操作中不要装拆过滤机及管道。过滤完成后，将过滤机清洗干净。

四、实训记录

表 7-1　啤酒糖化操作记录

项目/时间	开始	终止	备注
麦芽稀释			
煮沸			
第一次加酒花			
第二次加酒花			
第三次加酒花			
旋沉			
原麦汁浓度			
沸终浓度			
麦汁量			

表 7-2　啤酒发酵工艺参数记录（每天记录）

日期	时间	温度	压力	糖度	酒精度	双乙酰	操作者	备注

五、发酵过程中各项指标的监测

在主发酵过程中，每天测定温度、压力、糖度、酒精度、双乙酰含量等项目。然后以时间为横坐标，上述指标为纵坐标，绘制发酵周期中上述指标的曲线图，并解释它们的变化原因。

1. 糖锤度计测定糖度

糖锤度计即糖度表，又称"勃力克斯比重计"。这种比重计是用纯蔗糖溶液的重量百分数来表示比值，它的刻度称为"勃力克斯刻度"（Brix scale，简写为 Bx），即糖度，规定在 20 ℃使用，见表 7-3。

表 7-3　Bx 与比重的关系（20℃）

比　　重	Bx
1.00250	0.641
1.01745	4.439
1.03985	9.956

取 100 mL 麦汁或除气啤酒，放于 100 mL 量筒中，放入糖锤度计，待稳定后，从糖锤度计与麦汁液面的交界处读出糖度。同时测定麦汁温度，根据校准值，计算 20 ℃时的麦汁糖度。若糖度较低，糖度计不能浮起来，可多加一些麦汁，直至糖度计浮在液体中。

2. 酒精度的测定

(1)在已精确称重至 0.05 g 的 500 mL 三角烧瓶中，称取 100.0 g 除气啤酒，再加 50 mL 水。

(2)接上冷凝器，在冷凝器下端用一已知重量的 100 mL 容量瓶或量筒接收馏出液。若室温较高，为了防止酒精蒸发，可将容量瓶浸入冷水或冰水中。

(3)开始蒸馏时，用文火加热，沸腾后可加强火力，蒸馏至馏出液接近 100 mL 时停止加热。

(4)取下容量瓶，在普通天平上加蒸馏水至馏出液重 100.0 g，混匀。

(5)用比重瓶精确测定馏出液比重。

(6)查比重和酒精度对照表，求得酒精含量。见表 7-4。

我国部颁标准规定，11 度啤酒的酒精含量不低于 3.2％，12 度啤酒的酒精含量不低于 3.5％。

表 7-4　比重—酒精度对照表

比重	酒精度	比重	酒精度	比重	酒精度	比重	酒精度
1.0000	0.000	0.9970	1.620	0.9940	3.320	0.9910	5.130
0.9999	0.055	0.9969	1.675	0.9939	3.375	0.9909	5.190
0.9998	0.110	0.9968	1.730	0.9938	3.435	0.9908	5.255
0.9997	0.165	0.9967	1.785	0.9937	3.490	0.9907	5.315
0.9996	0.220	0.9966	1.840	0.9936	3.550	0.9906	5.375
0.9995	0.270	0.9965	1.890	0.9935	3.610	0.9905	5.445
0.9994	0.325	0.9964	1.950	0.9934	3.670	0.9904	5.510
0.9993	0.380	0.9963	2.005	0.9933	3.730	0.9903	5.570
0.9992	0.435	0.9962	2.060	0.9932	3.785	0.9902	5.635
0.9991	0.485	0.9961	2.120	0.9931	3.845	0.9901	5.700
0.9990	0.540	0.9960	2.170	0.9930	3.905	0.9900	5.760
0.9989	0.590	0.9959	2.225	0.9929	3.965	0.9899	5.820
0.9988	0.645	0.9958	2.280	0.9928	4.030	0.9898	5.890

续表

比重	酒精度	比重	酒精度	比重	酒精度	比重	酒精度
0.9987	0.700	0.9957	2.335	0.9927	4.090	0.9897	5.950
0.9986	0.750	0.9956	2.390	0.9926	4.150	0.9896	6.015
0.9985	0.805	0.9955	2.450	0.9925	4.215	0.9895	6.080
0.9984	0.855	0.9954	2.505	0.9924	4.275	0.9894	6.150
0.9983	0.910	0.9953	2.560	0.9923	4.335	0.9893	6.025
0.9982	0.965	0.9952	2.620	0.9922	4.400	0.9892	6.270
0.9981	1.115	0.9951	2.675	0.9921	4.460	0.9891	6.330
0.9980	1.070	0.9950	2.730	0.9920	4.520	0.9890	6.395
0.9979	1.125	0.9949	2.790	0.9919	4.580	0.9889	6.455
0.9978	1.180	0.9948	2.850	0.9918	4.640	0.9888	6.520
0.9977	1.235	0.9947	2.910	0.9917	4.700	0.9887	6.580
0.9976	1.285	0.9946	2970	0.9916	4.760	0.9886	6.645
0.9975	1.345	0.9945	3.030	0.9915	4.825	0.9885	6.710
0.9974	1.400	0.9944	3.090	0.9914	4.885	0.9884	6.780
0.9973	1.455	0.9943	3.150	0.9913	4.945	0.9883	6.840
0.9972	1.510	0.9942	3.205	0.9912	5.005	0.9882	6.910
0.9971	1.565	0.9941	3.265	0.9911	5.070	0.9881	6.980

3. 邻苯二胺比色法测啤酒中双乙酰含量

(1)按图7-2把双乙酰蒸馏器安装好,把夹套蒸馏器下端的排气夹子打开。

(2)将内装2.5 mL蒸馏水的容量瓶(或量筒)放于冷凝器下,使出口尖端浸没在水面下,外加冰水冷却。

(3)加热蒸汽发生器至沸,通蒸汽加热夹套,备用。

(4)向100mL量筒中加入2～4滴消泡剂,再注入5 ℃左右未除气啤酒100 mL。

(5)待夹套蒸馏器下端冒大气时,打开进样口瓶塞,将啤酒迅速注入蒸馏器内,再用约10 mL蒸馏水冲洗量筒,同时倒入,迅速盖好进样口塞子,用水封口。

(6)待夹套蒸馏器下端再次冒大气时,将排气夹子夹住,开始蒸馏,到馏出液接近25 mL时取下容量瓶,用水定容至25 mL,摇匀(蒸馏应在3 min内完成)。

(7)分别吸取馏出液10 mL于2支比色管中。一管作为样品管,加入0.5 mL 1‰邻苯二胺溶液,另一管不加,作空白。充分摇匀后,同时置于暗处放置20～30 min,然后向样品管中加2 mL 4 mol/L盐酸溶液,向空白管中加2.5 mL 4 mol/L盐酸溶液,混匀。

(8)在335 nm波长处,以空白作对照测定样品吸光度。

(9)计算。

$$双乙酰(mg/L) = A_{335} \times 1.2$$

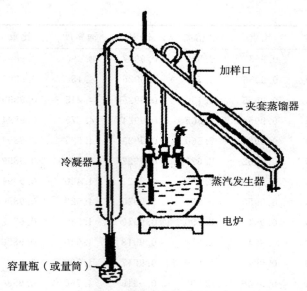

图 7-2 双乙酰蒸馏装置示意图

4. 目视比色法测定啤酒色度

（1）取 2 支 100 mL 比色管，一支中加入 100 mL 蒸馏水，另一支中加入 100 mL 除气啤酒发酵液（或麦芽汁、啤酒），面向光亮处，立于白瓷板上。

（2）用 1 mL 移液管吸取 1.00 mL 0.1 mol/L 碘液，逐滴滴入装水比色管中，并用玻璃棒搅拌均匀，直至从轴线方向观察其颜色与样品比色管相同为止，记下所消耗的碘液毫升数 V（精确至小数点后两位）。

（3）样品的色度 $=10NV$。

六、啤酒质量品评

除理化指标必须符合质量标准外，良好的啤酒还必须满足以下感官性品质的要求（这些感官特性只能抽象地加以表达）。

（1）爽快 爽快是指有清凉感，有利落的良好味道，即爽快、轻快、新鲜。

（2）纯正 纯正是指无杂味，亦表现为轻松、愉快、纯正、细腻、无杂臭味、干净等。

（3）柔和 柔和是指口感柔和，亦指表现力温和。

（4）醇厚 醇厚是指香味丰满，有浓度，给人以满足感，亦表现为芳醇、丰满、浓醇等。啤酒的醇厚主要由胶体的分散度决定，因此，醇厚性在很大程度上与原麦汁浓度有关。浸出物含量低的啤酒有时会比浸出物含量高的啤酒口味更丰满，发酵度低的啤酒并不醇厚，而发酵度高的啤酒多是醇厚的，其酒精含量高也与醇厚性与关。泡持性好的啤酒同时也是醇厚的啤酒。

（5）澄清有光泽，色度适中 无论何种啤酒，都应该澄清，有光泽，无混浊，不沉淀。色度是确定酒型的重要指标，如淡色啤酒、深色啤酒、黑啤酒等，可以根据外观直接分类。不同类型的啤酒都有一定的色度范围。

(6)泡沫性能良好　淡色啤酒倒入杯中时,应升起洁白细腻的泡沫,并保持一定的时间。如果是含铁多或过度氧化的啤酒,有时泡沫会出现褐色或红色。

(7)有再饮性　啤酒是供人类饮用的液体营养食品,好的啤酒会让人感到易饮,无论怎么饮都饮不腻。

表 7-5　淡色啤酒的给分扣分标准

类别	项目	满分要求	特点	扣分标准	样品
外观 10 分	透明度 5 分	迎光检查清亮透明, 无悬浮物或沉淀物	清亮透明	0	
			光泽略差	1	
			轻微失光	2	
			有悬浮物或沉淀	3～4	
			严重失光	5	
	色泽 5 分	呈淡黄绿色或淡黄色	色泽符合要求	0	
			色泽较差	1～3	
			色泽很差	4～5	
	评语				
泡沫性能 15 分	起泡 2 分	气足,倒入杯中有明显泡沫升起	气足,起泡好	0	
			起泡较差	1	
			不起泡沫	2	
	形态 4 分	泡沫洁白	洁白	0	
			不太洁白	1	
			不洁白	2	
		泡沫细腻	细腻	0	
			泡沫较粗	1	
			泡沫粗大	2	
	持久 6 分	泡沫持久,缓慢下落	持续 4 min 以上	0	
			3～4 min	1	
			2～3 min	3	
			1～2 min	5	
			1 min 以下	6	
	挂杯 3 分	杯壁上附有泡沫	挂杯好	0	
			略不挂杯	1	
			不挂杯	2～3	
	喷酒缺陷	开启瓶盖时,无喷涌现象	没有喷酒	0	
			略有喷酒	1～2	
			有喷酒	3～5	
			严重喷酒	6～8	
	评语				

续表

类别	项目	满分要求	特点	扣分标准	样品
啤酒香气 20分	酒花香气 4分	有明显的酒花香气	酒花香气明显	0	
			酒花香不明显	1~2	
			没有酒花香气	3~4	
	香气纯正 12分	酒花香纯正,无生酒花香	酒花香气纯正	0	
			略有生酒花味	1~2	
			有生酒花味	3~4	
		香气纯正,无异香	纯正无异香	0	
			稍有异香味	1~4	
			有明显异香	5~8	
	无老化味 4分	新鲜,无老化味	新鲜无老化味	0	
			略有老化味	1~2	
			有明显老化味	3~4	
	评语				
酒体口味 55分	纯正 5分	应有纯正口味	口味纯正,无杂味	0	
			有轻微的杂味	1~2	
			有较明显的杂味	3~5	
	杀口力 5分	有二氧化碳刺激感	杀口力强	0	
			杀口力差	1~4	
			没有杀口力	5	
	苦味 5分	苦味爽口适宜,无异常苦味	苦味适口,消失快	0	
			苦味消失慢	1	
			有明显的后苦味	2~3	
			苦味粗糙	4~5	
	淡爽或醇厚 5分	口味淡爽或醇厚,具有风味特征	淡爽,不单调	0	
			醇厚丰满	0	
			酒体较淡薄	1~2	
			酒体太淡,似水样	3~5	
			酒体腻厚	1~5	
	柔和协调 10分	酒体柔和、爽口、谐调,无明显异味	柔和、爽口、谐调	0	
			柔和、谐调较差	1~2	
			有不成熟生青味	1~2	
			口味粗糙	1~2	
			有甜味、不爽口	1~2	
			稍有其他异杂味	1~2	

续表

类别	项目	满分要求	特点	扣分标准	样品
酒体口味 55分	口味缺陷 25分	不应有明显口味缺陷（缺陷扣分原则：各种口味缺陷分轻微、有、严重三等，酌情扣分）	没有口味缺陷	0	
			有酸味	1～5	
			酵母味或酵母臭	1～5	
			焦糊味或焦糖味	1～5	
			双乙酰味	1～5	
			污染臭味	1～5	
			高级醇味	1～3	
			异酯味	1～3	
			麦皮味	1～3	
			硫化物味	1～3	
			日光臭味	1～3	
			醛味	1～3	
			涩味	1～3	
	评语				
总体评价			总计减分		
			总计得分		

综合实训二 酒精发酵生产

一、实训目的

1. 了解酒精发酵工艺原理。
2. 熟悉酒精生产的工艺流程。
3. 分析酒精发酵的工艺参数并进行数据处理。
4. 掌握酒精计的使用方法及酒精得率的计算方法。

二、实训原理

借助微生物所产生的酶的作用，使原料中的淀粉转化为糖进而产生酒精的过程称为"酒精发酵"。本实训的微生物主要是曲霉和酵母菌，它们先将淀粉充分分解为糖，再将糖转化为酒精。

酒精酵母以葡萄糖作为底物进行厌氧发酵，生成乙醇和二氧化碳。

$$C_6H_{12}O_6 \rightarrow 2C_2H_5OH + 2CO_2\uparrow$$
$$180 \qquad 2\times46 \qquad 2\times44$$

酒精对葡萄糖的理论得率为 51.1%，发酵醪通过蒸馏后，可以用酒精计测量酒精度，并计算实际酒精得率。

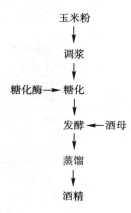

三、实训材料和设备

1. 菌种

酒精酵母。

2. 设备

10 L 小型全自动液态发酵罐，如图 7-3 所示。

图 7-3　10 L 全自动液体态发酵罐（蚌埠学院发酵实训中心）

3. 材料与仪器

玉米粉、糖化酶、菲林氏液、NaOH 溶液、HCl 溶液、碘、培养箱、摇床、蒸馏装置、抽滤装置、真空泵、pH 精密试纸、量筒、电炉、酒精计、温度计、糖度计、三角烧瓶、水浴锅、玻棒、250 mL 容量瓶、电炒锅、棉花、电子天平等。

四、实训步骤

1. 糖化醪的制备

（1）原料处理及蒸煮　取 250 g 玉米粉，按 1∶5 的比例（原料∶水）将水加入锅中（或蒸煮锅），投料，升温调浆，蒸煮压力为 2.5～3.0 kg/cm²，蒸煮 30～45 min。将蒸煮完毕的醪液利用蒸煮锅的压力从蒸煮锅中排出，并送入糖化锅内，在电炉上加热煮沸糊化 1 h。

（2）液化　将上述糊化醪冷却到 85～90 ℃，按 20 U/g 向原料中加入 α—淀粉酶，保温液化 10 min。

（3）糖化　将液化醪冷却至 61～62 ℃，按 200～300 U/g 向原料中加入糖化酶，保持糖化温度在 58～60 ℃，糖化 30 min。

2. 酒母的制备

(1) 传统酒母的制备方法。

①酒母用糖化醪的准备。方法同糖化醪的制备，略作改变，料水比为 1∶5；加糖化酶量为生产用糖化酶量的 1.5 倍，糖化时间为 2～3 h。糖化结束后，调节 pH 至 4.5～5.5（用 0.05%～0.10% H_2SO_4 溶液调节），升温至 85～90 ℃，消毒 15～30 min，冷却至 27～30 ℃。

在糖化过程中，用稀碘液检查糖化的程度（蓝色：30 个以上葡萄糖的链；紫色：20～30 个葡萄糖的链；红色：13～20 个葡萄糖的链；无色：7 个以下葡萄糖的链）。要求还原糖的含量达 8%。

注意事项：由于是分批发酵，酒母用糖化醪制备好后，应当分装备用。

②酒母的培养。在制备好的酒母用糖化醪中接种活性干酵母，加入量为 1 mL 糖化醪中加 100 万个酵母细胞（每克活性干酵母约有 140 亿个酵母细胞）。28～30 ℃培养 8～12 h。

③酒母监测指标。

a. 酒母耗糖率：以 35%～40% 为宜。

耗糖率＝（接种前糖度－成熟时糖度）/接种前糖度×100%

b. 酵母数：0.8 亿～1.0 亿个/mL（血球计数法计数）。

c. 出芽率：20%～30%（镜检视野下计算）。

d. 死亡率：1% 以下（亚甲蓝染色）。

e. 酒精度：3%～4%（蒸馏测定）。

(2) 安琪酒精酵母活化　称取活性酒精干酵母，按干酵母与活化液（葡萄糖液浓度 3%，蛋白胨 1%）为 1∶25 的比例将其复水活化，复水条件为水温度 35 ℃，复水时间 15 min，然后在 30 ℃活化 1 h，即为发酵用酒母。

3. 酒精发酵

将发酵罐开启并搅拌,转速为 200 r/min,培养温度为 30 ℃。发酵开始时进行通风培养,使种子快速生长,通风量为 0.15,发酵 4 h 后停风,进行厌氧发酵,发酵周期为 2~3 d。

4. 过程检测

在发酵过程中,还原糖直接用菲林法检测,酒精采用酒精计进行检测。

5. 蒸馏

准确量取酒精发酵醪 100 mL 并加入蒸馏烧瓶中,同时加入 100 mL 蒸馏水,连好冷凝器,勿漏气,用电炉加热,将馏液收集于 100 mL 容量瓶中。达到刻度时,立即倒入 100 mL 量筒中,同时测定温度和酒精度。根据测得的温度和酒精度,查表换算为 20 ℃时的酒精度。

酒精蒸馏及酒精度的测定:取 60 mL 已发酵培养 3 d 的发酵液,加至蒸馏装置的圆底烧瓶中,在 85~95 ℃水浴锅中蒸馏。当开始流出液体时,用量筒准确收集 40 mL,用酒精比重计测量酒精度。

五、实训作业

1. 该实训理论上消耗了多少克葡萄糖?产了多少克 100%酒精(V/V)?酒精得率是多少?
2. 酒精发酵操作的注意事项有哪些?

综合实训三　食醋发酵生产

一、实训目的

1. 掌握酒精半固态发酵和醋酸固态发酵的原理。
2. 掌握固态发酵设备的操作方法。

二、实训原理

食醋是人们生活的必需品之一。我国的食醋生产一直以大米和麸皮为原料。本实训采用了酒精半固态发酵和醋酸固态发酵相结合的新方法,既缩短了发酵时间,又显著提高了食醋的风味。

工艺流程:

$$\text{酵母} \\ \downarrow$$

糯米→浸泡→蒸煮→润配→糖化→酒精半固态发酵→酒醪制醋→醋酸固态发酵→后熟→淋醋→配兑→消毒→冷却→检验→成品食醋

三、实训材料与设备

1. 材料

(1) 糯米　市售糯米,要求无霉变、无杂质。

(2) 酒药(纯根霉曲)。

(3) 酿酒高活性干酵母。

(4) 醋酸杆菌。

2. 设备

浸米容器、高压消毒柜、半固态发酵设备、恒温培养箱、醋酸固态发酵设备等。

四、实训步骤

1. 浸米

将浸米缸严格杀菌,使缸内清洁干净,无其他异味。浸米水必须清洁,把米浸入后,将缸内的米扒平,浸米水位应超出米面 10 cm。浸米时间的长短要根据米的性质、气温和水温来决定,以手捏米粒能成粉状为标准。一般浸米时间为 36~48 h。

2. 蒸煮

蒸煮的目的是将米中的淀粉加热糊化,从而有利于糖化发酵菌的生成和易受淀粉酶的作用。将浸米沥干后,倒入蒸米容器中,米应分层摊放。蒸煮时间以蒸汽全部透出饭面 20~30 min 为宜。蒸煮时必须注意蒸煮锅内水位不宜过高,以防造成底部米饭糊熟。蒸煮的质量要求是:外硬内软,内无白心,疏松不糊,透而不烂,均匀一致。

3. 糖化

将蒸煮的米饭摊凉后(32~34 ℃),放入糖化容器中,分批拌入酒药粉末。拌匀后,将米饭搭成凹形圆窝,其上再洒上酒,搭窝后的品温控制在 28~29 ℃。在此温度下保温 36~48 h 后,就可见到饭粒上有白色菌丝相互黏结,表面出现水珠,用手轻压饭面,即向下陷,并发出"嘶嘶"声,气泡外溢,容器中发出特有的酒香。当窝液达到容积的五分之四处时,就可加入适量清水和活化后的酵母,让酵母菌大量繁殖,使糖化和发酵同时进行,生成酒精。

4. 酒精半固态发酵

加入酵母 12~14 h 后,酒醪上浮至液面,呈凸起状,此时应每天搅拌一次。搅拌的目的是排除发酵过程中的二氧化碳,调换新鲜空气,使糖化菌和酵母菌占优势,防止杂菌侵入。此过程约需 14 d,酒精浓度可高达 15%。

5. 醋酸菌的制备

(1) 试管斜面菌种培养　称取酵母膏 1%、葡萄糖 1%、碳酸钙 1%、乙醇 20%(V/V)、琼脂 2%。除乙醇外,将上述各组分加热溶解,分装试管,包扎灭菌,灭菌条件为 121 ℃、30 min。灭菌完毕后,取出冷至 60 ℃左右,在无菌条件下加入乙醇,放置冷却,制成斜面后接种醋酸菌,32~43 ℃培养 48 h。

(2)三角烧瓶菌种培养 将酵母膏1%、葡萄糖1%、碳酸钙1%加热溶解,调节pH为5.5~6.0,分装于三角烧瓶中,包扎灭菌。冷却后加入乙醇,使培养基的酒精度为30%~40%(V/V)。在灭菌条件下,转接上述斜面菌种,因醋酸杆菌为需氧菌,故应在摇瓶机上振荡培养,时间为24 h,温度控制在32~34 ℃。

6. 醋酸固态发酵

将成熟的酒醪和蒸煮后的新鲜醋渣、麸皮、稻壳、谷糠等拌匀摊开。冷却至30~35 ℃后,拌入醋酸菌,最后再翻拌均匀,放入固体发酵罐进行醋酸固态发酵。发酵初期,醋酸菌活力低,生长慢,不需要大量氧气,温度控制在35 ℃左右。经2~3 d,发酵进入中期,此时醋料上层温度比底层高。温度达38 ℃左右时进行第一次通气,以便供给氧气和降低品温,以后每天通气一次。此时醋酸菌分泌氧化酶的主要时期,也是醋酸大量生成的时期。此期间品温上升快而高,因此要严格管理,使品温不要超过45 ℃。待5~7 d后,菌体开始老化,呼吸作用减弱,品温逐渐下降,醋中乙醇含量已经减少,醋酸的产生也很缓慢,此时要经常测定醋中乙醇及醋酸的含量。当醋酸的含量不再增加时,可加入食盐转入后熟期。

7. 后熟

醋酸发酵完毕后,在醋酸中加入2%食盐,翻拌均匀后转入后熟容器。将醋酸踩紧拍实后,再在上面撒上食盐,以防止醋酸过度氧化生成二氧化碳和水。第二天再翻拌一次,然后拍实封泥,进行后熟。

8. 淋醋

采用三次循环套淋法浸出食醋。

五、产品质量指标

1. 感官指标

感官指标见表7-6。

表7-6 感官指标

指标\等级	一级	二级
色泽	琥珀色或红棕色	浅琥珀色或浅红棕色
香气	具有食醋特有的香气或酯香,无不良气味	具有食醋特有的香气,无不良气味
滋味	酸味柔和,稍有甜口、醇香,不涩,无异味	酸味柔和,不涩,无异味
体态	澄清,无悬浮物及沉淀物	澄清,无悬浮物及沉淀物

2. 理化指标

理化指标见表7-7。

表7-7 理化指标

指标＼等级	一级	二级
总酸以乙酸计,g/100 mL ≥	5.00	3.50
不挥发酸以乳酸计,g/100 mL ≥	1.00	0.70
还原糖以葡萄糖计,g/100 mL ≥	1.50	1.00

3. 卫生指标

(1)感官指标　具有正常酿造食醋的色泽、气味和滋味,不涩,无其他不良气味与异味,不浑浊,无悬浮物及沉淀物,无杂菌污染。

(2)理化指标见表7-8。

表7-8 理化指标

项目	指标
游离矿酸	不得检出
砷(mg/kg,以 As 计)	≤0.5
铅(mg/kg,以 Pb 计)	≤1
黄曲霉毒素 B_1(g/kg)	≤5
食品添加剂	按 GB 2760—1981 规定

(3)细菌指标见表7-9。

表7-9 细菌指标

项目	指标
细菌总数(个/mL)	≤5000
大肠菌群(个/100g)	<3
致病菌(系肠道致病菌)	不得检出

六、产品检验方法

1. 取样

(1)瓶装食醋　每批按等级各抽取6瓶,其中3瓶分别进行感官理化和卫生检验,其余3

瓶留作保质期检验。

(2)散装食醋 混匀后每批按级各采集样品1500 mL，分装于3个磨口瓶中，分别进行感官理化和卫生检验(取样容器及用具均需灭菌)。

2.感官检验

(1)色泽体态 将样品摇匀后，用量筒量取20 mL样品放于20 mL比色管中，在白色背景上观察其颜色，并对光观察其澄清度及有无沉淀物。

(2)香气 用量筒量取样品50 mL放于150 mL三角烧瓶中，将瓶轻轻摇动，嗅其气味。

(3)滋味 吸取样品0.5 mL滴入口内，反复吮咂，鉴别其滋味优劣及后味长短。第二次品尝时，须用清水漱口后进行。

3.理化检验

(1)总酸 食醋中含有多种有机酸，以酚酞为指示剂，用氢氧化钠标准溶液滴定，根据耗用氢氧化钠标准溶液的毫升数，计算总酸含量(以乙酸计)。

(2)还原糖 在碱性溶液中，还原糖能将高价铜还原为低价铜，根据高价铜被还原的数量，可得还原糖的含量。

七、实训作业

1.发酵时酵母用量对实训生产有什么影响？
2.发酵时温度、时间及pH对实训生产有什么影响？

综合实训四 酸奶发酵生产

一、实训目的

1.了解酸奶发酵原理及设备。
2.掌握酸奶发酵工艺流程。

二、实训原理

酸奶是在牛乳中加入乳酸菌发酵剂，在温度适宜及无氧条件下发酵而成的。原有的乳糖部分转化成乳酸，但仍保留有部分的乳糖，因此，酸奶有特殊的酸甜风味。乳酸发酵使牛乳的pH降至其等电点，使牛乳凝固，形成具有独特风味的产品。乳酸发酵受到原料乳质量和处理方式、发酵剂的种类和加入量、发酵温度和时间等多种因素的影响。从形态上区分，酸奶可分为凝固型、搅拌型和饮料型3种，各种类型酸奶的制作工艺有所不同。本实训以凝固型酸奶为例来介绍酸奶生产过程,工程生产设备如图 7-4 所示。

图 7-4　凝固型酸奶生产设备(蚌埠学院饮料实训中心)

三、实训材料和设备

1. 原料和辅料

牛乳、脱脂乳粉、白砂糖、乳酸菌发酵剂、琼脂、明胶、香料、水果、果酱等。

2. 设备与仪器

酸奶机、高压蒸汽灭菌锅、生化培养箱、电热恒温培养箱、超净工作台、混料罐或不锈钢锅、水浴锅、台秤、天平、塑料杯或玻璃瓶等。

3. 发酵所用菌种

(1)乳酸菌纯培养物　将 10% 脱脂乳分装于试管中并灭菌(115 ℃,15 min)。冷却至 40 ℃,接种已活化的乳酸菌 1%～2%,45 ℃ 培养 3～6 h,使其凝固,冷却至 4 ℃,冷藏备用。一般重复上述工艺 4～5 次,接种 3～4 h 后凝固,以酸度达 90 度左右为准。

(2)制备母发酵剂　将 10% 脱脂乳分装于灭菌的三角烧瓶(300～400 mL),经灭菌(115 ℃,15 min)、冷却(40 ℃)、接种(乳酸菌纯培养物,2%～3%)、培养(37～45 ℃,3～6 h)后凝固,冷却至 4 ℃,冷藏备用。

(3)制备工作发酵剂　加入 10% 脱脂乳,经灭菌(85 ℃,15 min)、冷却(40 ℃)、接种(母发酵剂,2%～3%,15 h)、培养(37～45 ℃,3～6 h)后凝固,冷却至 4 ℃,冷藏备用。

四、实训步骤

1. 工艺流程

配料→调制杀菌→冷却→接种↑(发酵剂)→搅拌→装杯→封盖→培养→冷藏→成品

2. 工艺说明

(1)配料。

①原料乳。选择新鲜优质牛乳,其中不得含有抗生素和其他有害菌类,并且要求无脂乳固形物含量在8.5%以上,全脂酸奶的乳脂肪含量在0.5%以下。为增加乳固形物,往往添加1%~3%的脱脂奶粉,可以达到抑制乳清分离、改善风味的目的。但是,如果添加的脱脂奶粉超过3%,就容易产生奶粉臭,因此,最好添加浓缩羊乳或炼乳,风味较好。

②甜味料。可使用砂糖、葡萄糖或蜂蜜等,添加量一般为8%~10%。如果要使制品酸度提高,可以适当增加添加量。

③硬化剂。要使酸奶凝乳硬化,最好增加乳固形成分。另外,也可以添加琼脂0.05%~0.10%、明胶0.5%或淀粉0.3%。硬化剂可以提高强度,而且十分经济,其中组织状态以琼脂为好。

④香料、果肉。可以使用柠檬、香草、橘子等香精以及巧克力、咖喱等。在果肉酸奶中,把果肉或天然果汁先放到容器底部,使其均匀地分散在酸奶中,果肉用量为5%~8%。

(2)调制与杀菌。

①先按配方将全乳、脱脂乳、脱脂奶粉、砂糖等混合,加热到50~60 ℃,再过滤。但如果用奶粉为原料,必须先把奶粉溶解,加热成为牛奶,然后再混合其他液体原料。

②将琼脂先切碎,加水溶解成3%溶解液,然后加到混合料中。调制时一定要充分搅拌均匀,防止在发酵中乳脂肪分离,一般可以再加温到50~60 ℃,达到均质化目的。

③均质后进行杀菌。杀菌温度为90 ℃,时间为30 min。也可采用超高温瞬间灭菌的办法,110 ℃杀菌1 min或135 ℃杀菌2 s。

④杀菌后要马上将乳质迅速冷却至40 ℃左右。

⑤以3%比例把工作发酵剂加到混料中,搅拌均匀(或者直接加酸奶5%~10%作为发酵剂),把搅匀后的料装入塑料杯或者玻璃杯中。

⑥培养。目前,食品工业中多数使用的是嗜热乳链球菌和保加利亚乳杆菌的混合发酵剂,添加后混合均匀。发酵温度为41~44 ℃,发酵时间为3~4 h。当混料的pH降至4.6~4.8,酸度为70~80时,凝乳组织均匀、致密,无乳清析出,表明凝块质地良好,达到发酵终点。

⑦冷藏。培养好后立即移到冷藏库(或冰箱),放在0~5 ℃环境中,不经过冷藏的酸奶风味不够好。为了提高酸奶的风味,冷藏时间以1~2周为好。发酵酸乳应具有发酵乳的滋

味和气味,酸甜适中,口感黏稠,没有乳清析出。

五、果肉酸奶制作法

将果肉(如橘子、草莓、苹果、杏、桃子、菠萝等)切成适当大小的块状,加进糖液,与原料乳混合调制后,加热杀菌,冷却至 42~43 ℃,添加混合发酵剂 2%~3%,然后放在发酵罐内发酵。可以在酸度达到 0.9%之后,急速冷却至 10~20 ℃,这样就不会使酸度在慢慢冷却中继续上升。冷却后的果肉酸奶还要放在陈化罐内陈化 12 h,陈化温度约为 10 ℃,这样可以提高风味和品质。如果陈化温度过高,酸度上升就会过快;若陈化温度过低,黏度就会减少。通过适当的陈化以后,黏度比冷却的时候可增加 2 倍左右。要注意,因陈化后的酸奶放进了果肉,故一定要搅拌均匀,使果肉均匀地分散在酸奶中。

六、实训作业

1. 酸奶生产中的关键控制点有哪些?
2. 酸奶发酵过程中影响发酵的主要因素有哪些?

综合实训五　谷氨酸发酵生产

一、实训目的

1. 掌握谷氨酸棒杆菌摇瓶种子和一级种子制备方法。
2. 掌握 50 L 发酵罐及其管道系统的灭菌方法。
3. 掌握 50 L 发酵罐的操作及谷氨酸发酵的条件控制。

二、实训原理

谷氨酸生产菌能在菌体外大量积累谷氨酸,这是由于菌体代谢调节处于异常状态,只有具特异性生理特征的菌体才能大量积累谷氨酸,这样的菌体对环境条件是敏感的。谷氨酸发酵是建立在容易变动的代谢平衡上,是受多种条件影响支配的。在不同的环境条件下,可生长大量菌体或得到不同的代谢产物。在最适宜的培养条件下,谷氨酸生产菌可将 60%以上的葡萄糖转化为谷氨酸,而只有极少量的副产物;而如果条件不适宜,则可能不产生谷氨酸,却得到大量菌体或其他产物。因此,合理的培养基配制方法和科学严谨的发酵条件控制对提高谷氨酸产量至关重要。

三、谷氨酸生产工艺流程

工艺流程：保藏斜面→活化斜面→摇瓶种子发酵→种子罐发酵→发酵罐发酵。将谷氨酸生产菌种斜面活化后，接种入装在锥形摇瓶内的液体培养基中，在摇床上振荡培养得到液体种子，即摇瓶种子。谷氨酸棒杆菌在合适的培养基中经摇瓶培养能快速生长，得到大量健壮的种子。谷氨酸发酵罐一般具有良好的液体混合能力和传热速率，并具有可靠的检测及控制仪表。发酵罐的管道系统主要包括蒸汽系统、循环水系统、空气系统和补料系统。为保证谷氨酸发酵的无菌环境，在发酵实验前，必须对发酵罐及其管道进行灭菌。

图 7-5　安徽丰原集团发酵技术国家级工程研究中心试验罐

四、实训材料和设备

1. 菌种

谷氨酸棒杆菌。

2. 设备与仪器

恒温摇床、培养箱、50 L 发酵罐、蒸汽发生器、空气压缩机、25 L 补料钢瓶、SBA－40C 多功能葡萄糖－谷氨酸分析仪、7230G 分光光度计、水浴锅、电炉、三角烧瓶(250 mL、3 L)、吸管(10 mL、1 mL)、洗瓶、吸水纸、接种环、显微镜、载玻片、盖玻片等。

3. 培养基

(1) 摇瓶培养基　葡萄糖 5 g，糖蜜 0.3 g，琼脂条 20 g，酵母膏 0.5 g，尿素 0.9 g，NaCl 2.5 g，磷酸二氢钾 0.4 g，$MgSO_4 \cdot 7H_2O$ 0.1 g。

(2) 种子培养基　葡萄糖 40 g，尿素 6 g，糖蜜 3 g，硫酸镁 0.1 g，磷酸氢二钾 0.25 g，玉米浆 8 g，硫酸亚铁 1.8 mg，硫酸锰 2.3 mg。

(3) 发酵培养基　葡萄糖 500 g，糖蜜 50 g，硫酸镁 12 g，磷酸氢二钾 20 g，玉米浆 28 g，硫酸亚铁 0.05 g，硫酸锰 0.05 g。

①配制20%(m/V)氨水：先将25 L流加补料瓶进行灭菌,121 ℃灭菌20 min。等补料瓶温度降至常温后,将购买的试剂级20%氨水5 L倒入25 L流加补料瓶中,备用。

②配制45%(m/V)葡萄糖溶液：称取4.5 kg葡萄糖,用10 L自来水充分溶解,装入25 L流加补料瓶中,121 ℃灭菌20 min,备用。

③配制25%(V/V)泡敌：量取100 mL泡敌,加入300 mL自来水,充分混合后,装入1000 mL补料瓶中,121 ℃灭菌20 min,备用。

五、实训步骤

1. 摇瓶种子培养

将配好的摇瓶种子培养基加蒸馏水300 mL溶解,调节pH至7.0,装入500 mL三角烧瓶中,共配制3瓶,21 ℃灭菌30 min。冷却后接种,接种量为一只斜面种子接一瓶。放入摇床,在32 ℃、200 r/min的条件下培养12 h左右。

摇瓶种子成熟标准：pH为6.4±0.1,OD_{560nm}>0.6,残还原糖含量在0.4%以下,培养周期为12 h左右。

2. 种子培养

将配好的一级种子培养基加蒸馏水2000 mL溶解,调节pH至7.0,装入3000 mL三角烧瓶中,共配制3瓶,121 ℃灭菌30 min。冷却后接成熟的摇瓶种子,接种量为1%。放入摇床,在32 ℃、200 r/min的条件下培养10~12 h。

种子成熟标准：培养周期为10~12 h,pH为7.2±0.1,OD_{560nm}>0.6,镜检观察无杂菌和噬菌体污染,菌体大小均一,呈单个或八字排列。

3. 准备工作

(1)50 L发酵罐空消。

①检查电机、空气系统、控制系统、循环水系统等是否正常工作。

②检查发酵罐的阀门、接头及紧固螺丝是否拧紧。

③将控制系统控制面板上的所有控制器设置在"停机"状态。

④关闭循环水各阀门和空气进气阀门,开夹套排污阀,开罐底和排气阀门,开蒸汽进蒸汽阀门,缓慢进气,调节蒸汽进蒸汽阀门和排气阀门,将罐压控制在0.11~0.12 MPa,灭菌30 min。

⑤空消结束后,关蒸汽进气阀门,开各排气阀门,将蒸汽排空,压力自然跌零,备用。

(2)空气过滤器灭菌。

①关闭空气进气阀门,开启排污阀和小排气阀门,开蒸汽阀门缓慢进蒸汽,通过调节进气阀和排气阀,控制空气过滤器压力在0.12~0.14 MPa,灭菌30 min。

②空气过滤器灭菌结束后,关蒸汽进气阀门和排污阀、小排气阀门,同时迅速开空气进气阀门,使空气过滤器压力维持在0.2 MPa左右,吹干空气过滤器滤芯后备用。

(3)pH电极校正　用pH 4.0和pH 7.0的标准液来校准。

①用蒸馏水漂洗电极,用软湿布小心擦干电极上残留的蒸馏水,把电极插入pH 7.0标准液中,等控制面板的数值接近pH 7.0且稳定后,点击控制面板"确定",校准pH 7.0。

②将电极从pH 7.0标准液中取出,用蒸馏水漂洗电极,用软湿布小心擦干电极上残留的蒸馏水,将电极插入pH 4.0标准液中,等控制面板的数值接近pH 4.0且稳定后,点击控制面板"确定",校准pH 4.0。

③再次校正pH 7.0,以提高校准的准确度。

(4)实消。

①按照正确的方式,安装好pH电极和DO电极。

②按照谷氨酸发酵工艺要求配制发酵培养基,使用50 L发酵罐,用自来水定容到17 L,开启搅拌,转速为300 r/min。实消后体积为18 L,按照10%的接种量接种,接种后体积为20 L。

③发酵罐夹套升温。先关闭夹套,使温水进出阀门,打开夹套排污阀门,开夹套蒸汽进气阀门,进蒸汽。通过控制蒸汽进气阀门和夹套排污阀门,控制夹套压力小于或等于0.3 MPa。

④夹套升温至90 ℃时,停止搅拌,开启发酵罐进蒸汽阀门,通蒸汽升温。通过控制进气阀门和各个排气阀门,控制罐压为0.11~0.12 MPa,121 ℃灭菌30 min。

⑤灭菌结束后,先关闭小排气阀门,再关闭蒸汽进气阀门,同时开空气进气阀门,通入无菌空气。通过调节空气进气阀门和排气阀门,控制罐压在0.05 MPa。

⑥关闭夹套排污阀门,打开夹套进出水阀门,通过温度控制系统控制发酵罐温度。

(5)接种 设定谷氨酸发酵培养初始条件:温度为35±0.5 ℃,罐压为0.05 MPa,转速为300 r/min,风量为500 L/h,pH为7.2±0.1,按照初始培养条件校准溶氧100%。

将成熟的一级种子液按照10%接种量接种到发酵罐。接种时,关小进空气阀门,维持罐压在0.03 MPa。同时将点燃的酒精棉火圈套在接种口,打开接种口,迅速将成熟的一级种子导入发酵罐中,拧紧接种阀门。

4. 发酵过程控制

(1)温度控制 在谷氨酸发酵期间,应采取菌体最适生长温度32±0.5 ℃。发酵12 h后,进入谷氨酸合成期,控制温度为(35±0.5)℃。

(2)溶氧控制 谷氨酸发酵是典型的好氧发酵,溶解氧对谷氨酸产生菌种子培养影响很大。根据通风量全程控制溶氧为20%~35%。

(3)发酵过程pH控制 发酵过程中产物的积累会导致pH下降。发酵中,当pH降到7.2左右时,应及时流加氨水。长菌期(0~12 h)控制pH在7.0~7.2;产酸期(12 h以后)控制pH在7.3±0.1。

(4)流加糖控制 通过流加葡萄糖量控制发酵培养液中残还原糖含量在0.5~10 g/L。

5. 放罐

(1)糖耗缓慢(<0.2%/h)时应及时放罐,关闭进出循环水阀门,关闭空气进气阀,关闭流加物料阀门,开蒸汽进气阀门,升温至60 ℃,维持30 min,对发酵料液中的微生物灭活。

(2)待发酵结束、出料完毕后,关闭空压机、控制面板和电脑,及时清洗、擦干发酵罐,排尽罐内、管道内和蒸汽发生器内余水。

(3)将取下的pH电极和DO电极先用蒸馏水冲洗干净,再用吸水纸擦干。将pH电极保存在电极保护液中,DO电极保存在垫有海绵的盒中。

六、实训作业

1. 绘制谷氨酸的含量曲线。
2. 查阅资料并总结葡萄糖生物合成谷氨酸的代谢途径。

综合实训六 赖氨酸发酵生产

一、实训目的

1. 掌握赖氨酸种子罐、发酵罐培养流程。
2. 掌握赖氨酸种子罐、发酵罐培养过程中的参数控制。

二、实训原理

赖氨酸是人体必需的八大氨基酸之一,能促进人体发育,增强免疫功能,并有提高中枢神经组织功能的作用。赖氨酸是一种碱性氨基酸,是仅次于谷氨酸的第二大氨基酸产品,是谷物蛋白的第一限制性氨基酸。赖氨酸生产菌有黄色短杆菌、谷氨酸棒杆菌、乳糖发酵短杆菌、嗜醋酸棒杆菌和大肠杆菌等。

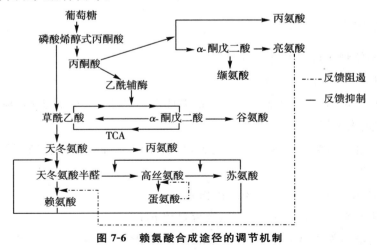

图7-6 赖氨酸合成途径的调节机制

三、实训材料和设备

1. 菌种

产赖氨酸的大肠杆菌。

2. 设备与仪器

50 L 发酵罐、蒸汽发生器、空气压缩机、7230G 分光光度计、酶膜仪、离心机、水浴锅、电炉、烧杯(500 mL、3 L、5 L)、量筒、容量瓶、补料玻璃瓶(1000 mL)、补料钢瓶(25 L)、显微镜等。

3. 培养基

(1)一级种子培养基 葡萄糖 800 g,硫酸镁 20 g,磷酸二氢钾 25 g,硫酸铵 210 g,酵母浸粉 150 g,味精 50 g,L—苏氨酸 3 g,D,L—蛋氨酸 3 g,硫酸锰 0.001 g,硫酸亚铁 0.002 g,硫酸锌 0.005 g,丙酮酸钠 15 g。

(2)二级种子培养基 葡萄糖 1000 g,硫酸镁 30 g,磷酸二氢钾 35 g,硫酸铵 300 g,玉米浆水解液 1200 g,毛发水解液 300 g,L—苏氨酸 8 g,D,L—蛋氨酸 8 g,硫酸锰 0.003 g,硫酸亚铁 0.001 g,硫酸锌 0.005 g。

(3)发酵培养基 葡萄糖 450 g,硫酸镁 25 g,磷酸二氢钾 30 g,硫酸铵 300 g,玉米浆水解液 1000 g,毛发水解液 250 g,L—苏氨酸 6 g,D,L—蛋氨酸 8 g,糖蜜 200 g,硫酸锰 0.005 g,硫酸亚铁 0.002 g,硫酸锌 0.007 g。

①配制 50%(m/m)葡萄糖溶液:称取 10 kg 葡萄糖,用 10 kg 自来水充分溶解,装入 25 L 流加补料钢瓶中,121 ℃灭菌 20 min,备用。

②配制 40%(m/m)硫酸铵溶液:称取 4 kg 葡萄糖,用 6 kg 自来水充分溶解,装入 25 L 流加补料钢瓶中,121 ℃灭菌 20 min,备用。

③配制 25%(V/V)泡敌:量取 100 mL 泡敌,加入 300 mL 自来水,充分混合后,装入 1000 mL 补料瓶中,121 ℃灭菌 20 min,备用。

四、实训步骤

1. 赖氨酸一级种子培养方法和步骤

(1)赖氨酸一级种子罐上罐流程。

①检查发酵罐电机、空气系统、控制系统、循环水系统等是否正常工作,检查发酵罐各阀门是否关紧,空消发酵罐。

②校正 pH 电极和溶氧电极。然后配料,用自来水充分溶解后投料,用量筒量取自来水,准确定容至 20.5 L。

③实消,121 ℃灭菌 30 min,实消后体积为 22 L。

④外接氨水补料瓶,调节 pH 至 6.7,全程自控 pH 为 6.7。

⑤设置初始培养条件:温度为 35 ℃,罐压为 0.07 MPa,风量为 600 L/h,转速为 250 r/min。

按照初始培养条件校溶氧100%。

⑥在酒精火焰无菌环境下接摇瓶种子30 mL。

(2)赖氨酸一级种子罐培养过程控制　通过自控流加氨水,全程自控pH为6.7,通过调节转速、风量和罐压,控制溶氧为30%~40%。

(3)赖氨酸一级种子成熟标准　中间取样测赖氨酸一级种子液的残还原糖和$OD_{562 nm}$,当残糖<1.5%、$OD_{562 nm}$为0.45~0.5、周期为15~18 h时,即确定为成熟、合格的赖氨酸一级种子。

2. 赖氨酸二级种子罐培养方法和步骤

(1)赖氨酸二级种子罐上罐流程。

①检查发酵罐电机、空气系统、控制系统、循环水系统等是否正常工作,检查发酵罐各阀门是否关紧,空消发酵罐。

②检查发酵罐,校正pH电极和溶氧电极。然后配料,用自来水充分溶解后投料。

③加2 mL泡敌,实消前用氨水调节pH至6.3。

④实消,121 ℃灭菌30 min。

⑤外接氨水补料瓶,调节pH至6.7,全程自控pH为6.7。

⑥设置初始培养条件:温度为35 ℃,罐压为0.07 MPa,风量为600 L/h,转速为300 r/min。按照初始培养条件校溶氧100%。

⑦在酒精火焰无菌环境下接赖氨酸一级成熟种子液。

(2)赖氨酸二级种子罐培养过程控制　通过自控流加氨水,全程自控pH为6.7,通过调节转速、风量和罐压,控制溶氧为40%~50%。

(3)赖氨酸二级种子成熟标准　中间取样测赖氨酸二级种子液的残还原糖和$OD_{562 nm}$,当残糖<1.2%、$OD_{562 nm}$为0.8~1.0、周期为16~20 h时,即确定为成熟、合格的赖氨酸二级种子。

3. 赖氨酸发酵罐培养方法和步骤

(1)赖氨酸发酵罐上罐流程。

①检查发酵罐电机、空气系统、控制系统、循环水系统等是否正常工作,检查发酵罐各阀门是否关紧,空消发酵罐。

②检查发酵罐,校正pH电极和溶氧电极。然后配料,用自来水充分溶解后投料。

③加2 mL泡敌,实消前用氨水调节pH至6.5。

④实消,121 ℃灭菌30 min。

⑤外接氨水补料瓶,接种前调节pH至6.7,全程氨水自控pH为6.7。外接泡敌瓶、葡萄糖补料钢瓶和硫酸铵补料钢瓶。

⑥设置初始培养条件:温度为35 ℃,罐压为0.08 MPa,风量为500 L/h,转速为350 r/min。按照初始培养条件校溶氧100%。

⑦在酒精火焰无菌环境下,接赖氨酸二级成熟种子液3.5 L,接种后体积为24 L。

(2)赖氨酸发酵罐培养过程控制　通过温度控制系统控制温度为35 ℃;通过自控流加氨水,全程自控pH为6.7;通过调节转速、风量和罐压,控制溶氧在35%～40%;通过流加葡萄糖,控制残糖在0.5%～1.0%;通过流加硫酸铵,控制残氨氮在0.1%～0.2%。

五、实训作业

1. 查阅资料并总结赖氨酸的生物合成途径。
2. 查阅资料并总结影响赖氨酸发酵的主要因素。

综合实训七　柠檬酸发酵生产

一、实训目的

1. 了解柠檬酸发酵的原理及过程。
2. 掌握柠檬酸深层液体发酵及中间检测分析方法。

二、实训原理

黑曲霉发酵法生产柠檬酸的代谢途径为:黑曲霉生长繁殖时产生的淀粉酶和糖化酶首先将木薯粉或玉米粉中的淀粉转变为葡萄糖。葡萄糖经过酵解途径(EMP)和戊糖磷酸途径(HMP)转变为丙酮酸。丙酮酸进一步氧化脱羧生成乙酰辅酶A,乙酰辅酶A和丙酮酸羧化所生成的草酰乙酸缩合生成柠檬酸。一般情况下,正常生长的细胞中柠檬酸是不会过量积累的,当黑曲霉在限制锰离子等金属离子的条件下,细胞内铵离子水平升高,同时在高浓度葡萄糖和充分供氧的条件下,TCA循环中的α—酮戊二酸脱氢酶受阻遏,代谢流汇集于柠檬酸处,使柠檬酸大量积累并排出菌体。其理论反应式为

$$C_6H_{12}O_6 + 1.5O_2 \rightarrow C_6H_8O_7 + 2H_2O$$

柠檬酸发酵对糖的理论转化率为106.7%,以含一个结晶水的柠檬酸计为116.7%。

三、实训材料和设备

1. 试剂与材料

玉米粉、耐高温α—淀粉酶、0.1429 mol/L NaOH溶液、0.5%酚酞试剂、浓硫酸、0.1%标准葡萄糖溶液、菲林甲和乙溶液、硫酸钾、硫酸铜和0.1% HCl溶液。

2. 设备与仪器

5 L发酵罐、50 L发酵罐、高速离心机(4000～6500 r/min)、250 mL三角烧瓶、500 mL

三角烧瓶、硝化管、冷凝管及离心管若干。

图7-7 安徽丰原集团发酵技术国家级工程研究中心

四、实训原料的准备

1. 柠檬酸发酵所用菌种

柠檬酸发酵所用菌种为黑曲霉,先将该菌种制成麸曲孢子,经种子罐培养至长出一定数量的菌球后,接种至发酵罐。

2. 种子及发酵培养基的制备

柠檬酸发酵常用的原料为玉米粉或木薯粉,首先要对其进行液化,然后进行过滤及氮源调整。

(1)玉米粉的液化 称取一定量的玉米粉(一般过45目以上筛),与水按约1∶3的体积比进行调浆,以50～70 U/g绝干淀粉的量加入耐高温α-淀粉酶,先于65～70 ℃糊化30 min,再升温至90 ℃,液化至碘试合格。

(2)培养基总糖及氮源要求 种子培养基采用全玉米粉液化液(不过滤),不额外添加氮源,121 ℃灭菌20 min,实消后总糖占比为11%～12%。

发酵培养基采用玉米液化滤液,同时添加少量玉米回料,调整总氮含量至0.06%左右,110～115 ℃灭菌10 min,实消后总糖控制在14%～16%。

五、实训步骤

(1)5 L罐种子培养。

①利用火焰接种法将麸曲种子接种于种子罐。5 L种子罐各项参数设置如下:接种量为10^6个孢子/mL,通气量为0.25 vvm,转速为350 r/min,温度为36.5 ℃。

②种子经培养20～24 h后,菌球饱满均匀,即可移种至发酵罐。

(2)50 L罐发酵培养 利用压差法将种子罐种子转接于发酵培养基中。50 L发酵罐各项参数设置如下:接种量为10%,通气量为0.3 vvm,转速为400 r/min,温度为37 ℃,罐压为0.05 MPa,发酵时间为48～72 h。

(3)发酵过程检测。

①柠檬酸含量检测:一般检测发酵过程中的总酸,采用0.1429 mol/L NaOH溶液滴定发酵过滤清液,每消耗1 mL NaOH溶液为1%的酸度。

②总糖检测:经6 mol/L硫酸水解后,用菲林法测定。

③还原糖检测:直接用菲林法测定。

④蛋白质检测:用凯氏定氮法测定。

六、实训作业

试以发酵时间为横坐标,糖消耗量、柠檬酸生成量和糖酸转化率(黑曲霉生成柠檬酸的克数与消耗糖即还原糖的克数之比的百分数)为纵坐标作图,说明三者随发酵时间的变化趋势,并加以分析。

参考文献

[1] 顾国贤.酿造酒工艺学[M].北京:中国轻工业出版社,2015.

[2] 关苑,童凌峰,童忠东.啤酒生产工艺与技术[M].北京:化学工业出版社,2014.

[3] 李秀婷.现代啤酒生产工艺[M].北京:中国农业大学出版社,2013.

[4] 程康.啤酒工艺学[M].北京:中国轻工业出版社,2013.

[5] 赵金海.啤酒酿造技术[M].北京:中国轻工业出版社,2011.

[6] 张祖莲.啤酒生产理化检测技术[M].北京:中国轻工业出版社,2012.

[7] 程殿林,曲辉.啤酒生产技术[M].北京:化学工业出版社,2010.

[8] 宗绪岩.啤酒分析检测技术[M].成都:西南交通大学出版社,2012.

[9] 章克昌.酒精与蒸馏酒工艺学[M].北京:中国轻工业出版社,2004.

[10] 徐惠娟,王世锋,龙敏南.燃料酒精生产的研究进展[J].厦门大学学报(自然科学版),2006,45(1):37—42.

[11] 贾树彪,李盛贤,吴国峰.新编酒精工艺学[M].北京:化学工业出版社,2009.

[12] 谢晓航,蒋敬全,韩宏明等.酒精发酵清洁生产新工艺的研究[J].酿酒科技,2013,10:69—72.

[13] 吴国峰,李国全,马永强.工业发酵分析[M].北京:化学工业出版社,2006.

[14] 何国庆.食品发酵与酿造工艺学[M].北京:中国农业出版社,2011.

[15] 郭本恒.酸奶[M].北京:化学工业出版社,2003.

[16] 蒋明利.酸奶和发酵饮料生产工艺与配方[M].北京:中国轻工业出版社,2005.

[17] 李凤林,崔福顺.乳及发酵乳制品工艺学[M].北京:中国轻工业出版社,2007.

[18] 陈宁.氨基酸工艺学[M].北京:中国轻工业出版社,2007.

[19] 邓毛程.氨基酸发酵生产技术[M].北京:中国轻工业出版社,2007.

[20] 冯容保.发酵法赖氨酸生产[M].北京:轻工业出版社,1986.

[21] 邓开野.发酵工程实验[M].广州:暨南大学出版社,2010.

[22] 李江华.发酵工程实验[M].北京:高等教育出版社,2011.

[23] 陈坚,堵国成,刘龙.发酵工程实验技术[M].北京:化学工业出版社,2013.

[24] 姜伟,曹云鹤.发酵工程实验教程[M].北京:科学出版社,2014.

[25] 吴根福.发酵工程实验指导[M].北京:高等教育出版社,2013.